本书编写支持单位：

珠海横琴鑫杰物联科技股份有限公司
山西云宇宙数字科技集团有限公司
广东恒松控股集团有限公司
杭州正义先锋网络科技有限公司
河北圣诺联合科技有限公司
天元瑞信通信技术股份有限公司
映美传媒集团有限公司
浙江国鹿信息科技有限公司
江苏锐创软件技术有限公司
上海新致软件股份有限公司
辽宁中域数字科技有限公司
辰光安易（北京）科技有限公司
宁波沙塔信息技术有限公司
杭州戈虎达科技有限公司
企知道科技有限公司
砼联数字科技有限公司
广东东华发思特软件有限公司
中科云星（北京）科技有限公司
方天圣华（北京）数字科技有限公司

数字化转型理论与实践系列丛书

Web 3.0时代数据资产管理

陈晓华　邹智广◎主编　赵眸光　江富生　郝东林◎副主编

中国移动通信联合会区块链与数据要素专业委员会
复旦大学创新与数字经济研究院
组织编写

電子工業出版社
Publishing House of Electronics Industry
北京 · BEIJING

内 容 简 介

本书紧紧围绕数据、数据资源、数据治理、数据模型、数据要素、数据资产、数据资产估值和交易等知识体系进行系统的梳理，便于读者较为全面地掌握在数字经济 Web 3.0 时代的数据资产管理。

全书共 9 章：第 1 章提出数字经济促进生产力发展，简要介绍数字经济是时代发展的需要、数字经济的定义和特征、发展数字经济的全球共识等；第 2 章介绍数字经济的发展规律、全要素生产理论、新动能理论、数字经济对数据要素的需求等；第 3 章介绍 Web 3.0 时代的数据特征与价值、数据要素市场、数据资产管理与运营等；第 4～6 章介绍数据治理理论、数据管理、数据标准等；第 7 章介绍数据资产估值方法、数据资产估值假设、数据资产估值算法设计等；第 8 章介绍数据资产的评价体系；第 9 章介绍数据资产交易制度、数据资产上链方式、数据要素化模型、数据资产交易的对策和建议等。

图书在版编目（CIP）数据

Web 3.0 时代数据资产管理 / 陈晓华，邹智广主编. 北京 ：电子工业出版社，2025. 1. -- (数字化转型理论与实践系列丛书). -- ISBN 978-7-121-49126-9

Ⅰ. TP274

中国国家版本馆 CIP 数据核字第 2024CA7253 号

责任编辑：牛平月
印　　刷：涿州市般润文化传播有限公司
装　　订：涿州市般润文化传播有限公司
出版发行：电子工业出版社
　　　　　北京市海淀区万寿路 173 信箱　　邮编：100036
开　　本：720×1000　1/16　印张：17　字数：244.8 千字
版　　次：2025 年 1 月第 1 版
印　　次：2025 年 5 月第 3 次印刷
定　　价：68.00 元

凡所购买电子工业出版社图书有缺损问题，请向购买书店调换。若书店售缺，请与本社发行部联系，联系及邮购电话：（010）88254888，88258888。

质量投诉请发邮件至 zlts@phei.com.cn，盗版侵权举报请发邮件至 dbqq@phei.com.cn。

本书咨询联系方式：（010）88254454，niupy@phei.com.cn。

序言

当今时代，数字化迅猛发展，Web 3.0 作为互联网的新篇章，正在改变我们对数据的理解和管理方式。这一阶段不仅是技术的革新，更是我们思维模式和商业模式的全面转变。本书深入探讨了这一转型，揭示了如何在去中心化的环境中有效管理数据资产。

随着互联网的演变，从 Web 1.0 的静态信息展示，到 Web 2.0 的用户生成内容与社交互动，Web 3.0 的出现标志着数据管理方式的根本性变革。在这一新阶段，数据不仅是信息的集合，更被视为一种核心资产，具有极大的经济和社会价值。作者在书中以清晰的思路和深入的见解，阐述了 Web 3.0 的基本概念及其对数据的深远影响。

本书首先探讨了 Web 3.0 的核心理念，包括去中心化、透明性和安全性。这些理念不仅为企业提供了创新的管理方法，也为个人用户赋予了对自己数据的掌控权。作者通过对区块链技术和智能合约的分析，展示了如何实现数据的安全存储和高效管理。在这个新的生态系统中，用户可以直接控制自己的数据，消除中介的干预，从而提升数据的使用效率。

本书特别强调了数据要素在经济增长中的重要性。随着数字经济的崛起，数据已成为推动经济发展的关键要素。通过对数据的有效管理，企业能够提高决策的精准性，推动创新和效率的提升。数据的价值在于其使用和分析，如何将数据转化为可行的商业洞察，已成为企业成功的关键。因此，理解数据要素对于经济增长效率的影响，成为当今学术界和实务界关注的重点。

此外，作者深入探讨了数据资产入表的问题。在传统的会计体系中，数据常常被视为无形资产，其价值难以量化。然而，在 Web 3.0 时代，数据的价值正日益显现。企业需要将数据视为一项资产进行管理，进而进行入表处理。这一过程不仅涉及会计和财务的变化，也推动了整个商业模式的重构。作者通过案例分析，展示了如何有效地将数据资产纳入企业的财务报表，从而实现更科学的价值评估与决策。

数字产业化与产业数字化是当前经济转型的重要趋势。随着信息技术的不断发展，传统产业面临着数字化转型的压力和机遇。书中阐述了 Web 3.0 如何推动这一进程，促进各行各业的数字化升级。通过引入先进的数据管理技术，企业能够更好地适应市场变化，提高生产效率，进而实现可持续发展。在这个过程中，数据不仅是产业转型的推动力，更是产业创新的重要源泉。

在实际应用层面，书中结合了一系列成功的案例，生动展示了 Web 3.0 如何创造新的商业模式，推动社会进步。无论是初创企业还是大型跨国公司，都可以从中汲取经验，实现自身的数字化转型。这些案例不仅涵盖了技术应用，还包括了商业战略的调整与管理模式的创新，提供了丰富的实证依据。

作为一名在大学从事创新与数字经济研究的经济学者，阅读本书让我受益匪浅。我深刻认识到，数据资产管理不仅是技术问题，更是推动经济和社会进步的重要动力。通过有效的管理，企业能够在竞争中立于不败之地，抓住数字经济时代新机遇。因此，我希望将这本书推荐给政界、业界和学界的更多读者，让大家共同领悟 Web 3.0 所带来的机遇与挑战。无论你是希望提升个人数据管理能力，还是想要推动企业转型，这本书都将为你提供宝贵的见解和实用的策略。

本书不仅仅是一本理论性的著作，更是一本实践指南。它为我们提供了关于数据资产管理的深入思考，帮助我们理解如何在新兴的数字经济环境中生存和发展。随着技术的不断进步，我们需要不断更新自己的知识体系，以适应这个变化迅速的世界。

在书的最后，作者提出了未来的展望，强调了数据资产管理的重要性以及不断变化的市场环境对我们的要求。面对不确定性和复杂性，只有不断学习和适应，才能在这个数字化的浪潮中立于潮头。

我衷心希望读者朋友们通过阅读本书，能够加深对 Web 3.0 的理解，并在实际工作中应用所学到的知识，推动自身的成长和发展。在这个充满机遇和挑战的新时代，让我们一同探索 Web 3.0 带来的无限可能，共同拥抱 Web 3.0，迎接数据驱动的未来。

寇宗来（复旦大学创新与数字经济研究院执行院长）

前言

《中共中央 国务院关于构建数据基础制度更好发挥数据要素作用的意见》（又称“数据二十条”）指出，数据作为新型生产要素，是数字化、网络化、智能化的基础，已快速融入生产、分配、流通、消费和社会服务管理等各个环节，深刻改变着生产方式、生活方式和社会治理方式。数据基础制度建设事关国家发展和安全大局。

数据是一个国家基础性的战略资源，是数字经济时代新的最为关键的生产要素，与其他生产要素相比，它具有可复制、可共享、无限增长和无限供给的禀赋，打破了有限供给的传统要素的制约。数据要素为经济的持续增长和长期发展提供了基础和可能。

数字经济需要数据要素，从数据到数据要素并非一蹴而就，其过程涉及三个方面的工作：①让数据成为生产要素；②发挥数据要素的生产力作用；③激发数据生产力动能。这三个方面的工作可以形成一条数据化生产的价值链：通过梳理数据要素感知、传输、存储、计算、分析、应用的过程，打造一条贯穿产品整个价值形成过程各环节的数据链，以数据要素激活或实现其他生产要素对生产力发展效率的倍增作用，这是新一轮科技革命与产业变革的必然要求。

数据生产力动能是指新技术、新业态、新模式的创新基础来源于新生产方式性质的投入产出特征，或者以新生产方式发挥资本等生产要素作用所产生的新的动力因素。

纵观人类社会经济发展历史，生产要素在经济社会发展中具有基础性、先导性、全局性作用和重要影响。不同的社会发展阶段有其不同的关键生产要素，这些关键生产要素对经济发展释放了强劲动能，催生了生产技术和组织变革，推动了时代发展变迁。随着社会生产发展变化、技术手段更新，新的生产要素进入生产过程，生产要素的结构和形态也在发生变化，并直接影响着经济增长的动力。

作为数据要素发展的顶层设计，“数据二十条”提出，要培育数据要素流通和交易服务生态。围绕促进数据要素合规高效、安全有序流通和交易需要，培育一批数据商和第三方专业服务机构。通过数据商，为数据交易双方提供数据产品开发、发布、承销和数据资产的合规化、标准化、增值化服务，提高数据交易效率。

为深入贯彻党的二十大的战略部署和中央经济工作会议精神，落实“数据二十条”，充分发挥数据要素乘数效应，赋能经济社会发展，国家数据局会同有关部门制定了《“数据要素×”三年行动计划（2024—2026 年）》（以下简称《三年行动计划》）。

《三年行动计划》提出的总体目标是，到 2026 年底，数据要素应用广度和深度大幅拓展，在经济发展领域数据要素乘数效应得到显现，打造 300 个以上示范性强、显示度高、带动性广的典型应用场景，涌现出一批成效明显的数据要素应用示范地区，培育一批创新能力强、成长性好的数据商和第三方专业服务机构，形成相对完善的数据产业生态，数据产品和服务质量效益明显提升，数据产业年均增速超过 20%，场内交易与场外交易协调发展，数据交易规模倍增，推动数据要素价值创造的新业态成为经济增长新动力，数据赋能经济提质增效作用更加凸显，成为高质量发展的重要驱动力量。

财政部会计司于2023年8月发布《企业数据资源相关会计处理暂行规定》，规范企业数据资源相关会计处理，强化相关会计信息披露。“数据入表”后将在财务报表中准确反映企业数据资产的价值，为企业的数据资产管理和运用提供依据，且有利于日后数据资产的交易定价，进而推动数据要素市场的发展和壮大。

财政部印发的《关于加强数据资产管理的指导意见》提出，构建“市场主导、政府引导、多方共建”的数据资产治理模式，逐步建立完善数据资产管理制度，不断拓展应用场景，不断提升和丰富数据资产经济价值和社会价值，推进数据资产全过程管理以及合规化、标准化、增值化。通过加强和规范公共数据资产基础管理工作，探索公共数据资产应用机制，促进公共数据资产高质量供给，有效释放公共数据价值，为赋能实体经济数字化转型升级、推进数字经济高质量发展、加快推进共同富裕提供有力支撑。按照“谁投入、谁贡献、谁受益”原则，依法依规维护各相关主体数据资产权益。支持合法合规对数据资产价值进行再次开发，尊重数据资产价值再创造、再分配，支持数据资产使用权利各个环节的投入有相应回报。探索建立公共数据资产治理投入和收益分配机制，通过公共数据资产运营公司对公共数据资产进行专业化运营，推动公共数据资产开发利用和价值实现。

本书主要从数据、数据要素、数据治理及数据资产的理论方法、制度流程和应用实践出发，以数字经济 Web 3.0 时代为背景、数据治理为手段，系统地梳理了数据资产管理的知识体系。全书共 9 章：第 1 章提出数字经济促进生产力发展，简要介绍数字经济是时代发展的需要、数字经济的定义和特征、发展数字经济的全球共识等；第 2 章介绍数字经济的发展规律、全要素生产理论、新动能理论、数字经济对数据要素的需求等；第 3 章介绍 Web 3.0 时代的数据特征与价值、数据要素市场、数据资产管理与运营等；第 4～6 章介绍数据治理理论、数据治理战略、数据架构、数据仓库与商务智能、元数据管理、主数据与参考数据管理、数据标准、数据质量和数据安全等；第 7 章介绍数据资产估值方法、数据资产估值假设、数据资产估值算法设计等；第 8 章介绍数据资产的评价体系；第 9 章介绍数据资产交易制度、数据资产上链方式、数据要素化模型、数据交易安全、数据交易的对策和建议等。

数据资产已经成为数字经济时代促进社会生产力发展、国家整体竞争力进一步提升、社会财富增长、社会效率显著提高的重要资源。囿于我们的认识和水平，书中难免存在疏漏，望读者批评指正。希望本书能够帮助读者启发思维、开拓思路，让更多专家和学者投入数据治理和数据资产的研究和实践中，使数据价值得以充分释放。

目 录

第 1 章 数字经济促进生产力发展

1.1 数字经济是时代发展的需要

数据是一个国家基础性的战略资源，是数字经济时代新的、最为关键的生产要素。与其他生产要素相比，数据更加具有可复制、可共享、无限增长和无限供给的禀赋，从而打破了有限供给的传统生产要素对经济增长的制约，为经济持续增长和长期发展提供了基础和保障。近年来，数字经济在西方发达国家（如美国、德国等）逐渐兴起，成为推动经济增长的重要力量，发展数字经济逐渐成为全球共识。

数字经济是新一轮信息技术革命催生的，继农业经济、工业经济之后的第三种主要经济形态，能够从技术、要素、创新、融合等多个层面促进经济高质量发展。相较于以往以数量、规模、要素投入为主要特征的经济发展模式，数字经济通过数字技术进步、人力资本积累与资源配置优化实现经济发展的质量变革、效率变革、动力变革，是一种更加注重社会公平与发展成果共享的新经济模式。数字技术的融合发展与数字经济的飞跃式发展，正在改变着我们的生活、生产和思维方式。

1.1.1 全面建设社会主义现代化国家

数字技术及数字经济是推动企业高质量发展的重要路径。数字经济代表了一种经济发展的新动能，能够推动以劳动密集型、重工业为主的产业结构向以技术含量高、环境友好型为主的产业结构转移。数字经济与实体经济等经济形态相互融合，促进普惠金融发展，激发地区创新创业活力，引领我国经济社会在高质量发展的道路上行稳致远。

除了推动经济整体的高质量发展，数字经济自身的高质量发展也是数字经济时代的主要特征。数字技术的创新是数字经济发展的核心驱动力，而数字经济的建设需要核心技术的支撑。促进大量平台型企业出现、提高企业人力资本水平、提高企业动态能力及缓解融资约束，是大数据与人工智能等数字技术推动企业创新的作用机制。在数字经济背景下，企业通过开放式创新模式能够从技术层面构建更为开放的创新生态。

1.1.2 构建社会发展新格局

当今世界正经历着百年未有之大变局，国际政治、经济、文化、科技、安全等格局面临新的变化和深刻调整。数字经济成为全球新形势下可持续发展的新动能和重要支撑。近年来，远程医疗、在线教育、协同办公、共享平台、跨境电商等服务得到了广泛普及。世界主要国家都加大了对科技的重视程度，加快战略布局，抢占科技、经济制高点。据不完全统计，自 2021 年 2 月以来，美国国会、国防部、国立卫生研究院等累计发布科技、经济战略部署文件或报告 28 份，主要涉及人工智能、量子科技、5G/6G、新能源、先进计算、生物医药、太空技术等领域。欧盟发布科技经济战略部署文件或报告 12 份，围绕人工智能、量子科技、5G/6G、网络安全、关键原材料、电池生态系统等领域。英国发布科技、经济战略部署文件或报告 5 份，在量子科技、网络安全、人工智能、合成生物学、石墨烯等领域有所布局。日本试图加快 5G 基础设施建设，并开始布局 6G，目标是用 10 年时间改变其在 5G 研发上不占优势的现状，同时进行量子科技等八大领域的基地建设。

新基建有望发挥逆周期调节作用，同时也有助于增进新经济动能。美国、英国、德国、日本等主要国家都在积极布局新基建，涉及大数据中心、人工智能、工业互联网等诸多领域。

1.1.3 推动新质生产力发展

生产力，即劳动者与生产资料相结合而形成的改造自然的能力，是推动人类社会不断向前的核心驱动力。它由劳动者、生产工具以及劳动对象这三大基本要素构成。新质生产力致力于探索全新领域，具备高科技、高效能、高质量的鲜明特征。新质生产力的核心在于创新，涵盖了科技创新、制度创新以及文化创新等多个层面。科技创新是新质生产力的核心驱动力，它引领着技术的进步与产业的升级。制度创新在政治、经济、社会等各个领域中发挥着关键作用，为创新活动和创业精神注入了新的活力。文化创新为新质生产力提供了有力的支撑，推动了思想观念和价值观念的转变。

数字经济正在兴起，由大数据、互联网、云计算、区块链和人工智能等技术构成的新质生产力系统，它超越了传统技术，以高效能、高质量为基本要求，以数字化、网络化、智能化、绿色化、融合化为特征，发展新兴产业和未来产业，引领产业全面振兴，带动新经济增长点。新质生产力源于技术突破、生产要素创新和产业转型升级，以全要素生产率提升为标志，其核心在于创新，关键在于质量优化，本质在于推动先进生产力发展。

为推动新质生产力发展，需采取一系列措施。这包括强化新型要素供给，如扩大新型劳动者队伍，建立数据、信息等新型劳动对象的标准体系、政策举措和法律法规，并加大通用性、基础性、前沿性技术的研发投入。同时，深化重点领域改革，塑造与新质生产力相适应的生产关系，包括建立与现代化发展要求相适应的所有制与产权结构，完善与共同富裕相匹配的收入分配制度，提升现代化治理体系，并制定和完善与新质生产力发展相适应的法律法规。

1.2 数字经济的定义和特征

“数字经济”的概念早在20世纪90年代中期就出现在入选全球最具影响力50位思想家的美国经济学家唐·塔普斯科特出版的一本名为《数字经济》的著作中。20世纪90年代是数字技术的高速发展期，随着曼纽尔·卡斯特的《信息时代：经济、社会与文化》、尼葛洛庞帝的《数字化生存》等著作的出版和畅销，数字经济理念风靡全世界。

1.2.1 数字经济的基本概念

1. 数字经济的定义

数字经济是继农业经济、工业经济之后的一种新的经济社会发展形态。人们对数字经济的认识是一个不断深化的过程。2016年G20杭州峰会发布的《二十国集团数字经济发展与合作倡议》将数字经济定义为以数字化知识和信息作为关键生产要素、以现代信息网络作为重要载体、以信息通信技术的有效使用作为提升效率和优化经济结构的重要驱动力而产生的一系列经济活动。

综合既有的观点，数字经济可以定义为：由信息技术革新驱动的经济增长，包括内涵和外延两个部分。从内涵上来说，电信、计算机、通信设备等信息技术相关的行业本身就是数字经济的一部分。从外延上来说，由信息技术革新所催生的新商业模式、新生活方式，以及人们所获得的更多效用，也都属于数字经济的范畴。

农业经济侧重于农业生产和农产品交易的价值创造和增值，工业经济侧重于工业产品生产与交换的价值创造和增值，而数字经济则侧重于数据内容生产和服务的价值创造和增值。数字经济是复杂经济系统中的一个层次，是与农业经济、工业经济并存的一种新型经济形态，只要在价值创造过程中数据发挥了作用，这部分经济活动就是数字经济的一部分。随着信息技术在经济社会各领域的广泛渗透和融合，数字经济的内涵和外延将不断拓展，其范畴也将随之扩大。数字经济的发展不仅不会否定农业经济、工业经济的存在，相反会促进这两种经济的质效通过信息化大幅提升。最终，无形的信息型经济将逐渐取代有形的物质型经济，并在整个经济系统中占据主导地位。数字经济在复杂经济系统中的地位如图 1-1 所示。

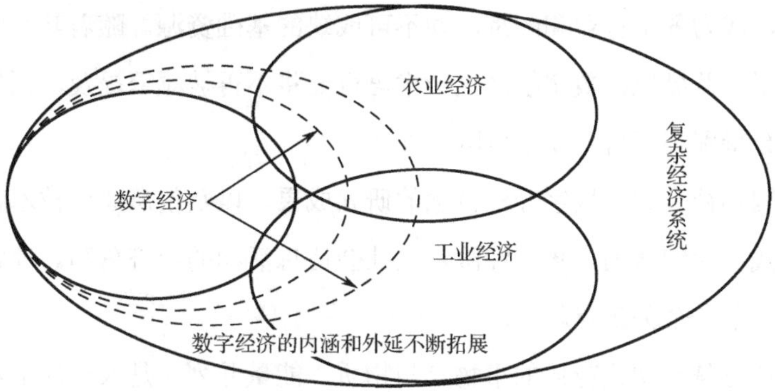

图 1-1　数字经济在复杂经济系统中的地位

数字经济通过数字技术与实体经济的深度融合，不断提高传统产业数字化、智能化水平，加速重构经济发展与政府治理模式。数字经济包含两大部分：一是信息通信产业部分，包括电子信息制造业、电信业、软件和信息技术服务业、互联网行业等；二是数字经济与传统产业融合部分，即传统产业通过应用数字技术实现生产数量和生产效率的提升，这部分新增产出是数字经济的重要组成部分。

数字经济正随着时间的推进而逐步深化，其定义和范围也在不断地扩展和变化。在当前的国民经济分类和统计体系下，要精确地界定数字经济的范畴是一项具有挑战性的任务。一些行业，如计算机制造、通信设备制造、电子设备制造、电信服务、广播电视和卫星传输服务，以及软件和信息技术服务等，构成了数字经济的基础。同时，那些完全建立在数字化基础之上的行业，如互联网零售和互联网相关服务，也被视为数字经济的一部分。

数字经济难以被明确界定的另一个重要原因是其融合性特征。随着信息通信技术（ICT）的应用和数字化转型的推进，其他行业也实现了产出增加和效率提升，这些行业逐渐成为数字经济的主体。在数字经济中，这些行业所占的比重正在不断增长，但它们对经济贡献的准确衡量却变得更加复杂和困难。实际上，数字经济可以被视为一个发展阶段。随着互联网的普及，它将变得像水和电一样，成为各个行业和经济活动不可或缺的基础资源。随着其对国民经济的推动作用日益显现，数字经济这一术语可能将不再被频繁提及，正如当前很少有企业会特别强调自己使用电脑一样。

综合国际社会关于数字经济概念的研究成果，以及信息通信技术融合创新发展的实践，我们认为：数字经济是全社会信息活动的经济总和。理解数字经济要注意以下三个关键点。

（1）信息是一切比特化的事物，与物质、能量并列，是人类的基本生产要素之一。

（2）信息活动是为了服务人类经济社会发展而进行的信息生成、采集、编码、存储、传输、搜索、处理、使用等行为，以及支持这些行为的 ICT 制造、服务与集成。

（3）信息活动具有社会属性、媒体属性和经济属性，数字经济关注的是信息活动的经济属性，也就是信息活动的经济总和。

2．数字经济的类型

数字经济以数字化信息为关键资源，以信息网络为依托，通过信息通信技术与其他领域紧密融合，形成了以下类型。

（1）基础型数字经济。传统的信息产业构成了基础型数字经济，它是数字经济的内核。

（2）融合型数字经济。信息采集、传输、存储、处理等信息通信技术和设备不断融入传统产业的生产、销售、流通、服务等各个环节，形成了新的生产组织方式，传统产业中的信息资本存量带来的产出增长份额构成了融合型数字经济。

（3）效率型数字经济。信息通信技术在传统产业中的普及，促进了全要素生产率提高而带来的产出增长份额构成了效率型数字经济。

（4）新生型数字经济。信息通信技术的发展不断催生出新技术、新产品、新业态，称为新生型数字经济。

（5）福利型数字经济。信息通信技术的广泛普及产生了消费者剩余和社会福利等积极的外部影响，这些效应共同构成了我们所说的福利型数字经济。

1.2.2 数字经济的内涵和外延

信息在人类社会的每一个发展阶段都发挥着重要的作用，但其作用在人类历史上的任何一个阶段都没有像今天这样重要。当前，伴随着信息通信技术创新、融合、扩散所带来的生产效率和交易效率的提升，以及新产品、新业态、新模式的不断涌现，人类社会的沟通方式、组织方式、生产方式、生活方式正在发生深刻的变革，数字经济作为一种新的经济形态，正成为产业转型升级的重要驱动力，也是全球新一轮产业竞争的制高点。

在探讨信息技术给整个社会经济带来影响的众多论述中，不仅数字经济备受瞩目，信息经济、网络经济和知识经济等概念也受到人们的广泛关注。当前，人们对这些概念的看法可以归纳为两种：同一论和包含论。所谓同一论，是指“数字经济=信息经济=网络经济=知识经济”，认为它们基本上是相同的，不存在区别；包含论则认为这些概念是相互包含的，比如“数字经济=信息经济+网络经济+知识经济”或者“知识经济=数字经济+信息经济+网络经济”等。无论是同一论还是包含论都没有深刻解释这些概念之间的相互联系，并且在很大程度上造成了概念的混淆和滥用，这一现象在国内学术界更为普遍。事实上，尽管这些概念的很多特征都是相似的，无法完全割裂，但它们提出的时代背景、具体内涵以及所研究的问题有所差异，这为进一步区分它们提供了依据。

1. 信息经济

信息经济的概念是在 20 世纪六七十年代由马克卢普和波拉特从部门经济的角度提出并发展起来的。

1962 年，马克卢普发表了专著《美国的知识生产和分配》，提出了“知识产业”的概念，分析了美国信息生产的机制和信息产品的重要性，建立了一套信息产业核算体系。仅一年之后，日本学者梅棹忠夫发表了《信息产业论》，从社会进化论的角度解释了经济现象的阶段发展理论，预测了信息产业迅速发展趋势。

从 1977 年开始，波拉特在马克卢普的研究基础上，完成了《信息经济：定义与测算》9 卷本的内部报告。波拉特第一次把产业分为农业、工业、服务业和信息业，并把信息部门分为第一信息部门（由向市场提供信息产品和信息服务的企业所组成的部门）和第二信息部门（由政府和非信息企业内部提供信息服务活动所组成的部门）。波拉特还用投入产出法对 1967 年美国的信息经济的规模与结构作了详尽的统计测算和数量分析。这种方法不仅引起了美国商务部的重视，而且于 1981 年被经济合作与发展组织（OECD）采纳，用来测算其成员国的信息经济的发展程度。

1983 年，美国经济学家保尔·霍肯在《未来的经济》中从更加宏观的角度以相对“物质经济”的概念提出“信息经济”。他认为，任何商品和劳动都包含“物质”和“信息”两种成分。物质经济的特征是商品或劳动中物质成分大于信息成分而占主导地位，信息经济的特征是信息成分大于物质成分而占主导地位。保尔进一步认为信息经济是一种以新技术、新知识和新技能贯穿于整个社会活动的新型经济形式，这同“知识经济”的思想有相通之处。

在上述研究的基础上，众多专家学者进一步研究，推出了“信息经济”理论体系并拉开了全球范围内探讨信息经济的序幕。专家学者普遍认为，信息经济可以从宏观和微观两个角度来理解。宏观信息经济研究信息作为生产要素的特征、功能以及对经济系统的作用条件和作用规律，同知识经济相通，属于同一个范畴；微观信息经济主要分析信息产业和信息产品的特征、在整个国民经济中的地位和比重，以及信息对国民经济的贡献，强调的是信息产业部门经济。

2. 网络经济

"网络经济"概念的提出与 20 世纪 90 年代全球范围内 Internet 的兴起密切相关。Internet 从技术角度看是由计算机技术、网络技术和通信技术的发展与融合所驱动的结果，是连接在广域网中的计算机群。从 20 世纪 90 年代中期开始，互联网的发展速度十分惊人，以致西方媒体将 1995 年称为"互联网络年"。互联网的发展和快速普及使得其从连接、通信、商务和合作等方面彻底影响了人类的工作和生活方式，同时网络技术和相关网络产业成为推动当代世界经济发展的强有力发动机。互联网已经从单纯的技术转变为推动经济增长的重要因素之一，网络经济因而受到世界各国的高度重视。

当前关于网络经济的定义很多，但笔者认为网络经济一般指基于互联网进行资源分配、生产和消费的经济形式。其中互联网是网络经济存在的基础条件，电子商务是其核心。这主要是因为网络经济是伴随国际互联网的发展而产生的，因此围绕国际互联网发展起来的一些新兴行业是网络经济不可缺少的一部分；更为重要的是，国际互联网的发展改变了过去传统的交易方式，使得国际互联网成为传统经济一个便捷的交易平台，因此原来通过传统方式进行的交易活动演变成通过国际互联网进行的电子商务，这应当被视为网络经济的重要组成部分。

与知识经济、信息经济和数字经济相比，"网络经济"这一术语突出了互联网，并将基于国际互联网进行的电子商务看作网络经济的核心内容。

3. 知识经济

同信息经济、网络经济相比，尽管“知识经济”这一概念的正式提出较晚，但知识经济的思想（即知识）在经济发展中的作用早已引起关注。

早在 16 至 17 世纪，英国思想家弗兰西斯·培根就从哲学角度论述提出了“知识就是力量”的著名论断，他认为人类的知识和人类的权力是统一的，任何人只有有了科学知识，才可能认识自然规律，运用这些规律，才能驾驭自然、改造自然，没有知识是不可能有所作为的。

之后，亚当·斯密、威廉·汤普逊等人从经济学的角度进一步论述了知识在社会生产中的作用。亚当·斯密在《国富论》中指出：“一个花费了大量劳动和时间教育出来的人，…，可以比作一台昂贵的机器。”威廉·汤普逊则对知识在生产过程中的应用作了大量重要论述。他在《最能促进人类幸福的财富分配原理的研究》中分析了知识在生产过程中的应用如何提高劳动生产率。

第二次世界大战后，科学技术的发展日新月异，知识生产和流通速度不断提高，分配范围不断扩大，社会经济面貌焕然一新，知识经济的概念逐渐形成。丹尼尔·贝尔、阿尔文·托夫勒、施赖贝尔、奈斯比特、堺屋太一分别从“后工业社会”“未来社会”“信息社会”和“知识价值社会”的角度论述了知识在社会经济发展中的作用。这些论述虽未直接提出知识经济的概念，但已经涉及知识经济的基本内容，标志着知识经济思想的萌芽。

1996 年，经济合作与发展组织在年度报告《以知识为基础的经济》中给出了知识经济的明确定义：知识经济是以知识为基础的经济，它直接依赖于知识和信息的生产、传播和应用。该定义得到广泛的认同。实质上，知识经济是同以土地、劳动力、资本和能源等为基础的物质型经济相对应，强调以知识为基础形成增长驱动的经济，这种经济的发展直接依赖于知识的创新、传播和应用。随着现代信息和通信技术的快速发展，知识和信息的传播速度和转化应用达到了空前的规模，知识对经济增长的贡献日益增强，世界主要发达国家的经济发展越来越基于知识和信息，知识已成为提高劳动生产率和实现经济增长的重要驱动引擎。正如学者 Tapscott（1996）所言：信息技术强化了以知识为基础的经济。也就是说，知识经济最重要的特征在于其所生产、交换的资源中知识的贡献比重相对增加了。

经过对上述几个概念的分析，我们可以清晰地认识到知识经济、信息经济、网络经济和数字经济之间确实存在显著的差异。知识经济侧重于知识作为生产要素在经济发展中的关键作用；信息经济则强调信息技术如何影响相关产业的经济增长；网络经济主要关注通过互联网实现资源分配、生产和消费的新型经济形态；而数字经济则显著体现在整个经济领域的数字化进程中。

尽管这些概念之间存在差异，但它们之间也存在着必然的联系。知识在经济发展中的作用早已为人所知，但近年来对"知识经济"的重视是人类知识积累到一定程度的必然结果。信息技术和互联网的广泛应用进一步推动了人类知识的积累，加速了数字化时代的到来。

知识经济、信息经济、网络经济这些概念的提出并不是相互矛盾或重复的，而是从不同角度描述了当前正在经历巨变的世界。它们之间的关系可以概括为"基础内容—催化中介—结果形式"：知识的不断积累构成了当今世界变化的基础；信息经济和网络经济的蓬勃发展成为当代社会发生根本变化的催化剂；而数字经济则是这一发展的必然结果和表现形式。因此，这些概念相互补充、相互支持，共同构成了一个完整且连贯的理论体系。

数字经济是以数字化的知识和信息作为关键生产要素，以数字技术为核心驱动力量，以现代信息网络为重要载体，通过数字技术与实体经济深度融合，不断提高经济社会的数字化、网络化、智能化水平，加速重构经济发展与治理模式的新型经济形态。从生产力和生产关系的角度来看，数字经济由数字产业化、产业数字化、数字化治理和数据价值化四个部分构成（图 1-2、表 1-1），其中数字产业化、产业数字化是数字经济的核心。

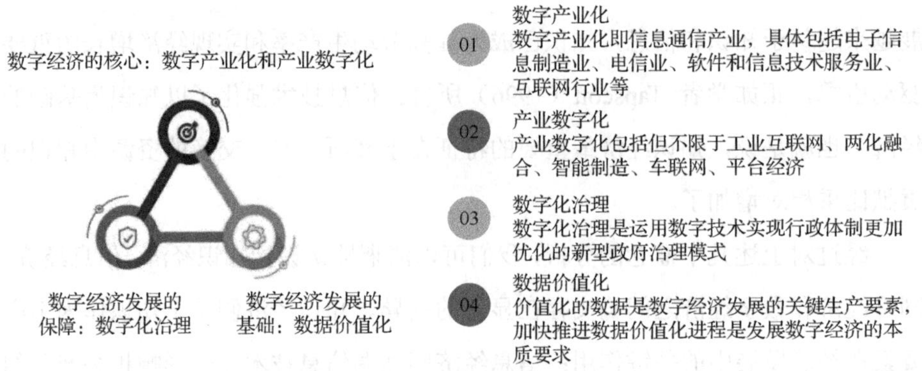
数字经济的核心：数字产业化和产业数字化
数字经济发展的保障：数字化治理
数字经济发展的基础：数据价值化
01
数字产业化
数字产业化即信息通信产业，具体包括电子信息制造业、电信业、软件和信息技术服务业、互联网行业等
02
产业数字化
产业数字化包括但不限于工业互联网、两化融合、智能制造、车联网、平台经济
03
数字化治理
数字化治理是运用数字技术实现行政体制更加优化的新型政府治理模式
04
数据价值化
价值化的数据是数字经济发展的关键生产要素，加快推进数据价值化进程是发展数字经济的本质要求

图 1-2　数字经济的构成

表 1-1　数字经济的“四化框架”

生 产 要 素	生　产　力	生 产 关 系
数据价值化	数字产业化	数字化治理
数据采集	电信业、电子信息制造业	多主体参与
数据确权	软件及信息技术服务业、互联网行业	数字技术+治理
数据定价	产业数字化	数据安全管理
数据交易	智慧农业	数据质量管理
技术、资本	智慧医疗	元数据管理
劳动、土地等	智能交通	主数据管理

1.2.3　数字经济的特征

数字经济作为一种不同于农业经济和工业经济的新的经济形态，必然具备自身的特征。而且，数字经济的产生也不可避免地会给传统的经济形态带来多方面冲击。

1．数字化

数字经济中，一切信息均能以数字化形式表达、传送和储存，即全部社会经济活动的主体（个人、企业、政府、团体等），以及其行为（交易、经营、管理等）、成果（商品、劳务、货币等）均可以用数字来表示。所谓“数字化”实质上是一种计算机语言可处理的技术，就是将诸如声音、图像、文字、色彩等可感知的信号，通过二进制编码转换为由“0”和“1”组成的数字信号，这种信号可以压缩、保存、传输、加工、复现，容易加密。同模拟信号相比，数字信号传输图像和声音更加清晰、更加逼真、保真性能好，数字化成本低廉，因而特别适合信息的处理、传输及使用。由于数字化具有上述优点，数字化的应用范围已经突破计算机行业的疆域，猛烈地冲击着通信业、大众传媒业、金融业等各种行业，数字化正改变着人类传统的经济行为。比特是数字化的基本度量单位，可以反映数字化的规模。

2. 虚拟化

随着信息技术的不断发展演进，从模拟时代向数字时代的转变推动了实体世界向虚拟化领域的演变。经济活动、经济组织结构和社交方式逐渐构建在虚拟化的基石之上，传统地理区位的影响力正在逐步减弱。这一虚拟化趋势深刻重塑了经济系统的运作模式，对经济组织的结构和经济活动的本质产生了深远的影响。

在数字经济时代，信息网络技术的广泛应用使时间和空间的概念得到了前所未有的压缩，实现了需求和供给之间的低成本对接。这种变革促进了经济分工的精细化和全球化，导致工业社会的传统经济规律在某种程度上失去了效力。随着企业虚拟化特征的日益凸显，越来越多的虚拟公司应运而生。这些虚拟企业的生产活动所占比重逐渐降低，而产品开发设计以及销售环节的比重则持续上升。这种变化形成了一种哑铃式的企业组织结构，最终可能实现生产与产品开发设计、销售环节的完全分离，形成纯粹的虚拟企业。

随着“赛博空间”的崛起，虚拟组织与虚拟市场层出不穷，它们以全球化的视角、全天候的运作模式，为用户提供着高效且迅速的服务。以亚马逊网络书店为例，它作为典型的虚拟组织，摒弃了传统的实体店面与仓库，转而采用虚拟店面与仓库，从而实现了 24 小时不间断的服务。此外，虚拟化的趋势正逐渐渗透到各个领域，不仅涵盖了由公司、个人和组织通过网络联结而成的联合团队，还包括为公众提供服务的虚拟政府部门、网络上的“孵化器”商业资源，以及助力企业迅速构建虚拟公司的虚拟商业园。同时，虚拟教育、虚拟市场、虚拟社区等新型业态也应运而生，共同推动着虚拟化的全面发展。

3. 网络化

互联网作为数字经济的基石，使数字经济天然地具备了网络化的特质。随着互联网覆盖范围的不断扩大和网络带宽的快速增长，多媒体文件的传输已成为可能。

网络化消除了地理空间的界限，强化了地域间的互动，从而形成了流动空间。在这一流动空间中，全社会的各个组织机构、产业以及家庭和个人的经济活动得以紧密联结，共同构成了一个全新的、有机的运营机制。网络化不仅加速了时间的流转，提高了时间的利用效率，还使经济活动的离散性降低、连续性增强。同时，网络化提供了无限的信息存储空间，使得世界各地的信息能够方便地被检索和迅速传输，进一步加强了不同地域间的相互联系。

4. 模块化

模块化表面上的理解是“将事物分解为模块（各个部分）、分工”的意思，这一思想在制造业中作为生产原理的应用已经有一个多世纪，因而模块化并非数字经济所特有的现象。但在信息技术的推动下，模块化对经济运行的影响凸显出来，成为数字经济的重要特征。

数字经济中，模块化的深层意思是对产业进行“现代化的分工”。这种产业分工特指在数字技术广泛应用的背景下，产业发展过程中逐步表现出来的用于解决复杂系统问题的新的方法，即通过每个可以独立设计的并且能够发挥整体作用的更小的子系统来构筑复杂的产品或业务过程。这种分工涉及“设计的分工”“生产过程的划分”“产品结构的划分”“企业内外的组织形式”“组织间的信息传递方式”等，不仅体现在生产过程中，更重要的是体现在设计过程中。

5. 分子化

随着数字经济的崛起，新的商业环境对企业的组织结构提出了更高的要求。为了更好地适应这种变化，企业需要变得更加敏捷、扁平化，并以团队为核心进行组织。在这一转变过程中，商业过程重构（BPR）被视为关键步骤。但在实际操作中，需要在价值链的各个环节中增加知识元素，这与企业作为单一组织单元的传统理念存在一定的冲突。因此，借助网络技术，实现工业等级与经济社会向“分子型”组织与经济结构的转变，成为了必然的选择。

在数字经济时代，企业的组织结构逐渐转变为基于个人的分子化结构。知识工人作为商业的基本单元，利用现代工具，将知识与创新思维转化为实际价值。他们如同分子般，可以在特定条件下集结成团队，亦可独立行动，形成全新的组织结构。这种新型组织结构是传统层级制度所无法提供的。当这种分子化的行为模式渗透到整个经济体系时，将催生新型的经济关系，进而推动数字经济的蓬勃发展。

1.2.4 数字经济发展的核心要素

“数字共生”是指数字技术与实体经济深度融合、相辅相成、相互促进，一体化协同发展。具体来说，数字技术在改善用户体验、促进企业转型、优化产业结构和增强国家经济实力方面具有强大的推动作用。与此同时，实体经济的应用需求也给数字技术带来了广阔的发展空间，两者相互促进产生的倍增效应和乘数效应将极大推动经济发展速度和规模扩张，使经济良性发展。数字技术作为一种通用技术，通过赋能传统经济实现融合创新和智能升级，是新时代生产要素的合集。只有加快推进数字技术与实体经济深度融合，经济发展才能真正从要素驱动转向创新驱动，从规模经济转向注重质量效益，实现高质量发展。

从国家层面看，“数字共生”就是推动数字技术和实体经济深度融合、共同发展，不断夯实数字产业化基础，加速产业数字化步伐，提升整体经济运行效率和质量，不断优化产业结构。从产业层面看，“数字共生”就是推动形成数字化产业链。传统产业要通过数字技术改进设计、研发、生产、制造、物流、销售、服务等环节，创造新业态、新模式，实现产业结构调整和创新升级。从企业层面看，“数字共生”就是企业数字化转型。从文化、客户、智能、运营、工作五大方面打造以业务应用场景为核心的数字化转型路线图。从用户层面看，“数字共生”贯穿工作、生活、学习、社交、娱乐等方面，是“以人为中心的数字化”的真实体现。随着消费互联网向产业互联网发展，用户的身份将更加多元，应用场景更加丰富。

在数字经济和实体经济融合发展的背景下，实体经济正迅速转型，融入数字经济发展。在此过程中，连接、规模、速度、弹性、度量和效能成为了描述“数字共生”的关键词。

1. 连接

连接是数字经济的典型特征，也是实体经济的真实需求。用户之间的连接、企业之间的连接，甚至国家、区域之间的连接都在深刻改变着经济运行方式。多维度、多层次的立体网状组合连接方式，让信息交互、数据共享更加通畅，打破了实体经济和数字经济之间的边界。

2. 规模

随着连接广度和深度的扩展，规模效益不断扩大。数字经济时代，无论多么小众的兴趣或需求，都有大量的同行者，无论多么个性化的诉求都能在互联网上迅速传播，真正感受到“一只蝴蝶的振颤，也能掀起一场飓风”的规模效应。从我国互联网用户数量的增长到物联网连接数的飙升、各类应用数量的增长，无一不显示出规模化商业的意义。

3. 速度

企业要获得可持续的发展与增长，创新速度是一项长期的任务。未来企业创新的本质是数字化创新。企业利用数字化知识与技术进行全面革新，包括数字技术的应用与实施，实现倍增式发展。数字技术使信息流、物流和资金流甚至是人才流的传播加速。多维度、多层次的信息传递，让员工和管理者的业务效能不断提速，加快了企业发展步伐。数字技术在产品研发、装备制造、生产过程、管理方式中的深入应用，激发了传统产业的活力，加快了新旧动能的转换以及产业结构调整和优化的节奏，提升了实体经济的发展速度，巩固了我国经济实力和国际竞争力，丰富了中国速度的内涵。

4. 弹性

数字技术和实体经济的融合，使得国家、产业和企业发展更具有弹性。随着数字技术对生产运营和管理方式的优化升级，企业在生产、交付、服务方式上更加灵活，供应链也将更加快捷和强韧。以人为中心的个性化定制成为可能，消费者的需求将得到进一步促进和释放。国家对经济运行数据的掌握更加全面及时，在经济调控的政策选择上也更加准确有效。经济的整体抗风险和创新发展能力得以大幅提升。

5. 度量

数字化作为一种先进的科技手段，不仅在生产领域发挥着重要作用，同时也是一种重要的度量工具。通过对生产资料的数字化处理，企业可以全面、系统地掌握其人、财、物等各项资源的使用情况，进而实现对这些资源的整体度量。而在生产流程的数字化管理中，企业的组织、规划、设计、研发、生产、销售等各个环节都可以被纳入到一个长期、动态、可对比的数字系统中，从而更好地实现资源的优化配置和流程的协同管理。

数字化的客观属性使得国家、产业、企业等各个层面都能够建立起全面、科学的数字能力参考体系与标准。这种数字化度量方式不仅使得不同要素、不同环节、不同流程变得可量化、可观测、可跟踪、可分析、可优化，而且为国家、产业、企业等各个层面提供了更加精准、高效的管理手段，有助于提升整体效率、优化资源配置、创造价值，实现可持续的经济发展。

6. 效能

效能是经济高质量发展的目标，也是技术发展的核心价值体现。无论是传统经济时代还是数字经济时代，效能都是评价和衡量经济活动有效性的基本指标。数字技术与实体经济融合的核心价值，就在于用数据打通多个产业环节，通过技术优化产业链从生产到消费终端的每个环节，最终达到价值提升、降本增效的目的。

1.3 发展数字经济的全球共识

1.3.1 数字经济是全球经济增长的重要驱动力

G20 杭州峰会发布了《二十国集团数字经济发展与合作倡议》，对数字经济给出了明确定义。数字经济作为一种新型经济形态，其核心在于运用数字化的知识和信息作为关键生产要素，以现代信息网络为重要载体，并通过信息通信技术的有效应用，推动效率提升和经济结构优化。

G20 峰会所倡导的数字经济概念具有深远内涵。首先，从本质层面来看，数字经济是一种基于信息通信技术的新型技术经济范式。它以数字技术与实体经济的深度融合为引擎，驱动产业转型和经济创新，呈现出与农业经济和工业经济截然不同的新特征，特别是在基础设施、生产要素、产业结构和治理结构上。其次，从构成维度来看，数字经济涵盖数字产业化和产业数字化两大核心部分。数字产业化，被称为数字经济的基础部分，主要指的是信息产业，包括电子信息制造业、信息通信业、软件和信息技术服务业等具体业态。而产业数字化，则是指通过数字技术的应用，促进传统产业生产数量和生产效率的提升，进而实现产出的增加和效率的优化。产业数字化被称为数字经济的融合部分，其新增产出构成了数字经济的重要组成部分。

在 2016 年的 G20 杭州峰会和 2017 年的 G20 汉堡峰会上均明确指出，数字经济已成为全球经济增长的关键驱动力。这种驱动作用主要体现在以下三个方面。首先，数字经济通过提升全要素生产率来促进经济增长。数字经济与实体经济的深度融合，通过优化信息流动，进而推动技术、资金、人才和物资的高效流动，提高了资源配置效率和供需匹配效率，从而促进了经济结构的优化和创新发展。其次，数字经济通过孕育新模式和新业态，为经济增长提供了新的动力。这些新模式和新业态不仅激发了创新创业的活力，也推动了生产模式的柔性化、网络化和个性化，以及产业组织的全球化、服务化和平台化。最后，数字经济通过提高连接水平，降低要素流动障碍，推动了经济社会的协调发展，实现了包容性和可持续性的增长。数字经济降低了经济主体参与经济活动的门槛，为落后地区和低收入人群提供了更多的经济机会，有助于减少发展不平衡，实现发展成果共享。

1.3.2 数字经济是建设现代化经济体系的引擎

在人类社会的发展历程中，生产要素始终扮演着基础性、先导性、全局性的重要角色。不同的社会发展阶段都有其特定的关键生产要素，这些要素为经济发展注入了强大的动力，推动了生产技术和组织结构的深刻变革，进而引领了时代的进步。

随着社会生产力的不断发展和技术手段的持续更新，新的生产要素不断涌现，生产要素的结构和形态也在发生深刻变化，对经济增长的动力产生直接影响。当前，人类社会正迅速迈向数字经济时代，数据已经从一种战略性资源逐渐演变成为继土地、劳动力、资本、技术之后的又一关键生产要素。它对经济发展、社会治理、国家管理以及人民生活产生了深远影响，已成为推动经济增长的重要引擎。数据生产要素在价值创造过程中能够发挥倍增效应，优化资源配置，实现投入替代等多重作用，进一步放大了其对经济社会价值创造的乘数效应。

“数据入表”作为一种创新实践，将有效推动数据价值的资产化，为企业充分利用和开发数据资产提供有力支持。工业和信息化部新基建重大项目评审专家、北京邮电大学科技园元宇宙产业协同创新中心执行主任陈晓华在接受《证券日报》记者采访时指出，“数据入表”后，企业数据资产的价值将在财务报表中得到准确反映，为企业进行数据资产管理和运用提供了有力依据。此外，这还有助于日后数据资产的交易定价，进一步推动数据要素市场的健康发展和壮大。陈晓华建议，企业应建立数据资产管理系统，定期开展清查和评估工作；同时，配备专业的数据管理和会计核算人员，提升全员的数据意识；并密切关注政策动向，做好入表的各项准备工作。其他专家也提出了借助间接测算方法实现数据定价入表的建议，包括考察从事数据开发利用活动的劳动者报酬、相关机器设备的固定资产折旧，以及有效运用数据获得的企业盈余等，从而间接确定入表的金额。

国家统计局数据显示，从 2012 年到 2021 年，我国数字经济规模实现了从 11 万亿元到 45.5 万亿元的显著增长，占国内生产总值的比重也由 21.6%提升至 39.8%。这充分表明，数字经济已成为驱动我国经济高质量发展的新引擎。因此，加强数据基础制度建设，充分发挥数据要素作用，对于推动数字经济持续健康发展具有重要意义。

1.3.3 数字经济是构筑国家竞争新优势的选择

改革开放 40 余载，我国产业形态日新月异。我国制造业规模迅速扩张，已跻身全球制造大国的行列，主要工业产品的产量位列世界前列，展现出完备的工业体系、庞大的市场规模以及丰富的人力资源。然而，我国制造业虽大却未强，自主创新能力有待加强，产品附加值偏低，整体仍处于国际产业链和价值链的中低端。不同于发达国家在工业 3.0 基础上迈向工业 4.0，我国需要努力追赶工业 3.0，并跟上工业 4.0 的步伐。当前，我国产业发展面临人口红利消退、劳动力成本上升等多重压力，制造业发展面临新的挑战。

通过数字化改造产业运行，实现企业数字化转型，助力全产业链条实现智能化决策和资源的动态优化配置，进而提升全要素生产率，推动产业向高质量发展。在当今世界，能否把握数字化变革的机遇，已成为决定国家竞争力的核心要素。各国纷纷将数字化列为经济发展的重点，通过制定政策、设立机构、增加投入等方式，加快在大数据、人工智能等领域的布局，以期抢占发展先机。

同时，全球化浪潮势不可挡，数字全球化呼唤构建新的全球数字治理体系。世界各主要国家积极参与 WTO、G20、OECD 等框架下的数字议程，推动国内规则与国际接轨，全球数据治理规则正处于重构的关键阶段。

第2章

数字经济从规模经济到范围经济

数据生产力带来经济学基础理论的变革，突出表现为新增长理论从规模经济向范围经济演进。进入互联网时代，范围经济取代规模经济成为产业组织的主导逻辑。数据生产力引发的经济变革，表现为质量、创新和体验由“不经济”变为“经济”。

2.1 内生创新的均衡体系

2.1.1 数据生产力均衡体系

数据生产力的重要技术经济特征在于有效降低差异化成本，提高多样性效率。根据经济学现有研究，在其他条件不变的情况下，差异化会使均衡点由 $P=MC$ 移向 $P=AC$。AC 与 MC 之间的差距，代表了差异化的程度。也就是说，系统差异化程度越大，其均衡越远离 MC，而越趋近 AC；系统差异化程度越小（最小时，即还原为新古典理论，即品种为 1 的同质性假设），其均衡越远离 AC，而越趋近 MC（最小时，AC 等于 MC，即帕累托最优）。

数字经济学认为，数字经济的均衡点就是差异化的均衡点，即 $P=AC$。这个均衡点与工业经济标准的均衡点（无差异均衡点，$P=MC$）的差值为 $AC-MC$。无论差异化有多大，这个偏离值不变。这同时是创新理论的正式均衡结论，它以新熊彼特学派（熊彼特二代理论）为代表，继承自张伯伦、斯蒂格利茨、罗默、克鲁格曼均衡结论。创新并非外生于经济，差异化决定的拉姆齐定价不仅可以是均衡值，而且可以是创新成为常态后的帕累托最优。

1. 数字经济是质量经济、创新经济和体验经济的综合体现

在数字经济中，质量由“不经济”变为“经济”（戴明提出），创新由“不经济”变为“经济”（熊彼特提出），体验由“不经济”变为“经济”。质量经济、创新经济与体验经济共同的标志是，在均衡条件下 GDP 的实际价格构成中，$P=AC$ 占比居优。也就是说，如果是低质量的经济，在均衡条件下 GDP 的实际价格构成中，$P=MC$ 所占比重越大，$P=AC$ 所占比重就越小；如果是高质量的经济，在均衡条件下 GDP 的实际价格构成中，$P=MC$ 所占比重越小，$P=AC$ 所占比重就越大。但在行政垄断或短缺配给的情况下除外。

在现实生活中，差异化经济（异质性经济）与无差异经济（同质化经济）是混合并存的。在有些经济体中，遵循无差异经济规律的经济成分占比较高。当前中国，无差异经济成分占比超过了它应占的比重，如制造业产能过剩、服务业比重低于多数国家；同时差异化经济成分正在迅速增长，如信息技术及其产业、互联网商业高速发展。数字经济正面临着前所未有的发展机遇。

2. 数字经济是信息技术革命与服务化革命合力的结果

数字经济学认为，数字经济从工业经济自身存在的矛盾——分工专业化与分工多样化的矛盾中发展而来，是这一矛盾中多样化效率从次要矛盾方面上升为主要矛盾方面的历史演进结果。信息技术革命在其中所起的作用，是以多样化效率提升为主要取向的数据生产力为外因，以刺激、催熟分工多样化为内因。

2.1.2 数字经济从工业经济矛盾中产生

数字经济学提出工业经济基本矛盾这个概念。在这一基本矛盾中，生产力的基本表现形式是，以提高专业化效率的技术为核心的工业生产力与以提高多样性效率的技术为核心的生产力（其高级形式，即发展到数字化阶段，开始具有通用特征的生产力，即数据生产力）之间相互作用。其生产关系形式的基本表现是以专有、专用的产权体系为标志的生产关系与以非专有、非专用（通用的技术资本）的产权体系为标志的生产关系之间的矛盾。前一种生产力和生产关系结合为以单一品种大规模生产为标志性特征的生产方式，后一种生产力与生产关系在发展到数字化阶段后，转化为数据生产力与云服务生产关系，并结合形成以小批量、多品种为标志性特征的信息生产方式。

数字经济是信息技术革命的产物，是生产力与生产关系、技术与经济相互选择的结果。也就是说，数字经济是从工业经济的内在矛盾，以及解决这种矛盾的需求中自然发展出来的。数字经济是由内部的经济原因和外部的技术原因综合而成的，其中，内部原因起决定性作用，信息技术属于外在因素。

2.2 全要素生产理论：二元效率

作为数据生产力基础技术的信息技术，以提高多样化效率为主、以提高专业化效率为辅，它构成了全要素生产率中与原有技术方向相辅相成的另一种动力。

全要素生产率中的技术是专业化技术与多样化技术的结合。杨小凯在 1998 年提到“多样化和专业化的发展是分工发展的两个方面”。其中，多样化技术主要是指信息技术，是以数据为核心、以提高多样性效率为主的技术，是以提高质量的效率、创新的效率及体验的效率为产出的技术。专业化技术则是指工业技术，是以提高专业化效率为主的技术，是以提高产出数量与规模为主的技术。

数字经济学主张的二元效率概念认为，工业经济的效率是专业化效率，而数字经济的效率是多样化效率。多样化效率的特点是智慧化、灵活性以及在经济上的高附加值。全要素生产率中的技术可以表示为由专业化（以 Q 量化）与多样化（以 N 量化）构成的二维平面。全要素生产理论的效率定量合成总效率的原理公式可以直观地表示为：

$$总效率^2=专业化效率^2+多样化效率^2$$

通过总效率表示数字经济的效率产出。例如，服务业的专业化效率较低而多样化效率较高，说明服务业在 GDP 中占比的增加主要是由其总体效率的提升所推动的，而不仅仅是依靠价格增长。比重的上升是由总效率决定的。

2.3 科技发展与数字经济的关系

2.3.1 规模经济和范围经济的概念

1. 规模经济

规模经济是指由于生产规模扩大而导致长期平均成本下降的情况。规模经济产生的主要原因是劳动分工与专业化，以及技术因素。企业规模扩大后，劳动分工更细，专业化程度更高，这大大提高了劳动生产率，降低了企业的长期平均成本。技术因素是指规模扩大后可以使生产要素得到充分的利用。

2. 范围经济

范围经济是针对关联产品的生产而言的，指一个企业同时生产多种关联产品的单位成本支出小于分别生产这些产品时的成本的情况。

规模经济与范围经济的共同点包括：二者都引起企业长期平均成本下降，从而实现节约，增加利润；二者都能降低单位产品的成本，提高产品的市场竞争力，有利于企业争取更多的市场份额；二者都是企业提高经济效益的途径。

2.3.2 数字经济是范围经济

数字经济依据数据生产力实践，将新经济增长理论（也称新增长理论）从现有的主流理论（以罗默为代表的规模经济理论）提升为范围经济理论。范围经济主要涵盖了两种相对独立的报酬递增，即规模报酬递增与范围报酬递增。数据生产力是范围经济赖以实现的效率工具，而范围经济则是数据生产力追求的最终经济效果。数据生产力的报酬递增理论归结为范围经济理论。

从理论上来讲，现在以规模经济为主流的新经济增长理论是建立在新凯恩斯主义基础上的。新凯恩斯主义将创新理论拉向与政府干预"联姻"的方向，与熊彼特理论相比，突出了研发在创新中的核心地位，而比较轻视企业家精神与市场创新。其典型如罗默的理论，主张政府补贴研发经费来支持创新。数字经济学认为，政府干预是创新理论的一个选项，但不是必然选项与唯一选项。

数字经济理论与规模经济理论的主要区别在于对数据生产力的成本规律的判断完全相反。规模经济理论倾向于越差异化、多样化，平均成本越高；数字经济理论则是越差异化、多样化，平均成本越低。如果差异化、多样化成本不经济，那么只有政府补贴才能使创新行为达到均衡；相反，只有差异化、多样化成本经济，才能使企业有内在动力提高研发经费，或者选择以市场创新方式替代研发。

2.3.3 科技进步促进生产力发展

从宏观经济政策分析角度来看，范围经济对于科技进步促进经济增长提出了新的见解。通常认为，科技进步通过提高劳动生产率来促进经济增长，表现为 GDP 的提高，包括提高经济增长速度。根据范围经济，要将劳动生产率具体区分为专业化效率提高与多样化效率提高两类。前者的分析与现有分析一致，后者却可能得出其他结论。因为多样化效率的机制决定了它虽然也可以提高经济增长的数量（产值），其实更多的是提高经济增长的质量（表现为垄断竞争定价在整个经济中的占比）；当多样化效率提高主要表现为服务业的发展时，甚至可能降低经济增长速度，但可以增加由数量与质量构成的信息国民收入财富。

2.4 新动能理论

2.4.1 通用要素投入是经济增长的新动能

数据生产力作为经济增长新动能可以形成同态映射下的功能替代（通用）的要素，这样的特征要素形成的投入产出能力称为数据生产力动能。这里指新技术催生的新兴产业及新业态、新模式，但在新技术、新产业、新业态、新模式等表象来看，其共同基础在于具有新生产方式性质的投入产出特征，或者以新生产方式发挥资本等生产要素作用所产生的新的动力因素。

数字经济以信息化培育新动能，从技术创新驱动、打造新的增长点及资本分享等方面，为经济增长注入新动能。“数字中国”重要的驱动因素就是要用创新驱动替代物质投资驱动。创新驱动的特点是提高多样化效率，提高经济增长质量，提高经济附加值。经济增长新动能还体现在新动力源上。分享经济为增长提供新动力源。数字经济借助云计算、云服务中形成的生产资料虚拟性使用的特点，将数据资本非排他性地用于资本投入，扩大了资本充足性。

2.4.2 数字经济中的转型新动能

数字经济不仅为经济增长提供新动能，更重要的是为经济结构优化升级、提质增效提供新动能，用新动能推动新发展。“互联网+”、云服务、大数据、人工智能、区块链、数字孪生等技术不断涌现，将加快中国经济提质增效、转型升级的步伐，数字经济将真正成为中国经济转型升级、提质增效的新引擎。

当数字经济融合产业应用时，智能制造、智慧医疗、智慧农业、智慧交通、智慧政务、智慧环保、智慧园区等将快速推动传统产业向数字化、网络化、智能化升级。工业云、数字工厂、机器人技术等将促进我国智能制造水平大幅提升，自主创新能力显著增强。智慧交通将使出行变得安全、舒适、顺畅、高效。智慧农业使农业种植、收割变得自动化，农产品销售通过视频直播走向全世界……数字经济与实体经济的融合使现代经济活动更加灵活、敏捷、智慧，也逐步改变着人们的消费观念、生产方式、生活方式，乃至思维模式。我国将加快建设数字经济，以数字化转型整体驱动生产方式、生活方式和治理方式的变革。

2.5 数字经济对数据要素的需求

数据是数字化转型的基础，只有做好数据治理，充分挖掘数据的价值，才能更快、更好地推动数字化转型。目前，国家及各行业都发布了相关政策和措施，形成数据治理策略，积极推动基于数据治理的数据标准化工作，以保障数字化转型工作的顺利进行。

2.5.1 数据的本质特征

数据作为一种新型生产要素，具有独特的自然属性和社会属性。

1. 一种新型的生产要素

数据是记录自然、生命、人类行为、社会发展的重要载体，其主要作用在于准确描述现实。从 20 世纪 90 年代开始，随着互联网应用成为信息化发展的主旋律，“互联网+”成为新范式，互联网与政治、经济、文化、社会等各领域的快速融合加速了数据流动和汇聚，数据呈现出海量、多样等一系列特征。“数据+”平台不断革新人们的工作、消费、互动、出行、办事等生产和生活方式，成为改变现实的重要力量之一。数据的不断产生、计算、分析和应用，成为反映现实、优化管理、科学决策的主要依据，成为驱动现实发展的重要力量。

从数据时代到网络时代再到智能时代，数据的作用也逐渐从描绘现实进而向改变现实转变，信息技术由最初的经济发展的辅助工具演变为引领经济发展的核心引擎。数据作为关键生产要素，催生出一种新经济范式——数字经济。随着数据采集、数据处理、算力的快速提升，数据挖掘和分析并能够提供数据服务和共享，成为国家、地区、机构和个人的核心能力之一，数据流可以引领技术流、资金流、人才流不断汇聚和重组，逐渐改变国家或地区的综合实力、重塑战略格局。

中共十九届四中全会审议通过的《中共中央关于坚持和完善中国特色社会主义制度、推进国家治理体系和治理能力现代化若干重大问题的决定》中首次增列“数据”作为生产要素，数据资源的重要地位得以确立。数据作为新的生产要素从投入阶段发展到产出和分配阶段，标志着我国正式进入了数据红利进一步释放的阶段，数据将作为生产要素参与到市场的投入、管理、产出、分配等各个阶段。

2. 增长快速、体量巨大

随着物联网、云计算、大数据、区块链、人工智能等信息技术的快速发展，以及社交、电商、搜索引擎等平台工具的广泛应用，以往所不能获取的文字、位置、沟通、心理等内容都被数据化，并产生“取之不尽、用之不竭”的数据，数据量由以前的GB和TB级别，发展到如今的PB和EB级别。

大数据的处理响应时间非常短，一般要在秒级的时间范围内给出结果。时间就是价值，数据处理速度越快，就能在越短的时间发现数据的价值。有了大规模的数据量，在大数据平台的处理下，能够对数据进行统计、分析和预测。大模型提供了强大的数据学习能力，使人工智能迈向新的征程。

3. 多维复杂的天然属性

数据具有多维度、多层次的属性，应用到社会经济生活的各个领域中，可以加速流程再造、降低运营成本、提高生产效率、加速供需信息匹配、提高产业链协同效率，从而放大生产力乘数效应，创造更大的价值。

数据的复杂性体现在数据在相互作用后会产生新的数据。在多模态大模型的作用下，根据图像会形成文字的解释说明，根据诗情画意的描述会产生出优美而意境深远的画面……数据的呈现可以是文字、图像、音频、视频等不同形式，这些数据看似杂乱无章，实则有章可循，通过数据分析可以找出它们的内在关系，得到很多清晰的结论。

4. 依赖平台存在的无形资源

与传统资源不同，数据具有虚拟性、无形性，依靠平台而存在。只有将数据存储在相应介质上并通过设备显示，数据才能以更直观的方式被人们感知、度量、传输、分析和应用，数据质量的好坏、价值的高低才可能被评估。数据的虚拟性、无形性特点决定了数据管理的特有模式。

（1）数据管理与数据平台管理不可分割。

（2）数据的价值与平台算力、算法模型有密切关系。

（3）数据无法从平台单独剥离，从而倒逼现行资产管理法律法规升级完善。

总之，我们正生活在数据的时代，“万物互联、万物智能”也必将推动传统思维模式、生产方式等产生巨大变革。

2.5.2 数据库的发展历程

数据库技术从诞生到现在，在不到半个世纪的时间里，形成了坚实的理论基础、成熟的商业产品和广泛的应用领域，吸引着越来越多的研究者加入。数据库的诞生和发展给计算机信息管理带来了一场巨大的革命。过去的 30 年间数据库领域获得了三次计算机图灵奖（C. W. Bachman，E. F. Codd，J. Gray），这更加充分地说明了数据库是一个充满活力和创新精神的领域。下面我们沿着历史的轨迹，追溯一下数据库的发展历程，如图 2-1 所示。

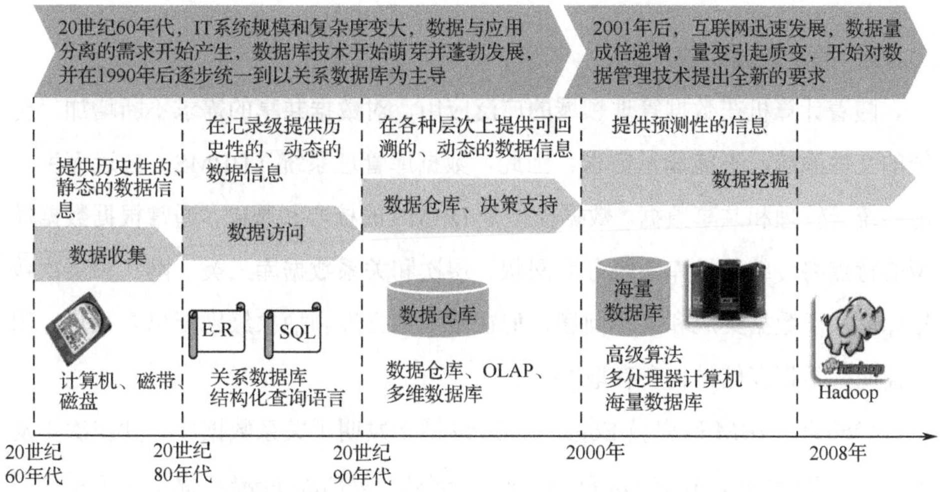

图 2-1　数据库的发展历程

1. 数据管理的诞生

20 世纪 60 年代，随着 IT 系统规模和复杂度的增加，数据与应用分离的需求产生。当时的数据管理主要通过分类、比较和表格绘制，机器处理数百万穿孔卡片，并将结果打印在纸上或制成新卡片进行物理存储和处理。

1951 年，Univac 系统使用磁带和穿孔卡片作为数据存储介质，雷明顿兰德公司推出了一秒钟可输入数百条记录的磁带驱动器，引发了数据管理革命。1956 年，IBM 生产出第一个磁盘驱动器 Model 305 RAMAC，具有 50 个盘片，可存储 5MB 数据，随机存取数据成为可能。

1961 年，通用电气的 Charles Bachman 开发了第一个数据库管理系统 IDS，奠定了网状数据库的基础，具有数据模式和日志特征，但只能在 GE 主机上运行，且数据库只有一个文件，需手工编码生成表。后来，BF Goodrich Chemical 公司重写了整个系统，命名为 IDMS。

层次型数据库管理系统随后出现，最著名的是 IBM 在 1968 年开发的 IMS，为适合其主机的层次数据库，是 IBM 研制的最早的大型数据库系统程序产品。

2．关系数据库的产生

随着计算机在数据管理领域的广泛应用，对数据共享的需求不断增加，传统的文件系统已不能满足需求。因此，数据库管理系统（DBMS）应运而生，能够统一管理和共享数据。数据模型是 DBMS 的核心和基础，通常根据数据模型的特点将传统数据库系统分为网状、层次和关系数据库三类。网状和层次数据库解决了数据集成和共享问题，但在数据独立性和抽象级别上仍有不足，用户需明确数据存储结构和存取路径。

1969 年，IBM 研究员 Edgar F. Codd 博士发明了关系数据库，并在次年发表论文 *A Relational Model of Data for Large Shared Data Banks*，提出了关系模型的概念，奠定了关系数据库的理论基础。之后，他发表了多篇论文论述了范式理论和衡量关系系统的 12 条标准，为关系数据库奠定了数学基础。

1974 年，IBM 的 Ray Boyce 和 Don Chamberlin 提出了 SQL（Structured Query Language）语言，以简单的关键字语法表现 Codd 关系数据库的 12 条准则，是一个综合的、通用的关系数据库语言。SQL 语言要求用户指出做什么而不需要指出怎么做，提供了与关系数据库进行交互的方法。

20 世纪 70 年代中期，关系理论通过 SQL 语言在商业数据库 Oracle 和 DB2 中使用。1976 年，霍尼韦尔公司推出了第一个商用关系数据库系统——Multics Relational Data Store。关系数据库系统以关系代数为理论基础，经过几十年的发展和实际应用，技术越来越成熟和完善。

1979 年，Oracle 公司引入了第一个商用 SQL 关系数据库管理系统。1983 年，IBM 推出了 DB2 数据库产品。

3．数据仓库的形成

1985 年，为 Procter & Gamble 系统设计的第一个商务智能（Business Intelligence）系统由 Metaphor 计算机系统有限公司开发出来。同年，Pilot 软件公司开始出售第一个商用客户/服务器执行信息系统——Command Center。

1988 年，IBM 公司的研究者 Barry Devlin 和 Paul Murphy 发明了一个新的术语——信息仓库。之后，IT 厂商开始构建实验性的数据仓库。1991 年，W. H. Bill Inmon 出版了一本与如何构建数据仓库有关的书，使得数据仓库真正开始应用。

4. 数据挖掘的诞生

1997 年底，在加拿大温哥华举办的第五次亚太经合组织（APEC）领导人非正式会议上，美国时任总统克林顿提出了推动各国共同促进电子商务发展的议案，此举引起了全球领导人的广泛关注。同时，IBM、HP 和 Sun 等国际知名的信息技术公司亦宣布 1998 年为“电子商务年”。随着互联网技术的迅猛发展和数据库技术应用的持续深化，数据积累量急剧增长，简单的数据查询和统计已无法满足企业的商业需求。因此，急需采用革命性技术来挖掘数据背后的深层次信息。

在此期间，计算机领域的人工智能（Artificial Intelligence）取得了重大进展，逐步进入机器学习的新阶段。在此背景下，人们开始将人工智能与数据库技术相结合，利用数据库管理系统进行数据存储，并通过计算机进行数据分析，尝试揭示数据背后的有价值信息。这种结合催生了一门新兴学科——数据库中的知识发现（Knowledge Discovery in Databases，KDD）。

1989 年 8 月，在第 11 届国际人工智能联合会议的专题讨论会上，“知识发现”这一术语首次亮相。而数据挖掘（Data Mining）作为 KDD 的核心组成部分，是指从数据集中自动提取隐藏在数据中的有用信息的非平凡过程。这些有用信息以规则、概念、规律和模式等形式呈现。进入 21 世纪，数据挖掘逐渐发展成为一门成熟的交叉学科，并伴随着信息技术的不断发展，数据挖掘技术也日益成熟。

数据挖掘融合了数据库、人工智能、机器学习、统计学、高性能计算、模式识别、神经网络、数据可视化、信息检索和空间数据分析等多个领域的理论和技术。因此，数据挖掘被认为是 21 世纪初期对人类产生重大影响的十大新兴技术之一。

5. Hadoop 生态系统的诞生

2005 年，Hadoop 作为雅虎公司的网页搜索项目诞生，后因其高效性被 Apache Software Foundation 引入为开源应用。2008 年，Hadoop 推出开源 1.0 版本，是一个由多个软件产品组成的生态系统，用以实现全面和灵活的大数据分析。它由两项关键服务构成：可靠数据存储服务（HDFS）和高性能并行数据处理服务（MapReduce），目标是为结构化和复杂数据的快速、可靠分析提供基础。

2008 年 6 月，思科发布报告预测，IP 流量将每两年翻一番，到 2012 年将达到 0.5ZB。这一预测相当准确，2012 年 IP 流量超过 0.5ZB，5 年内增长了 8 倍。

2008 年底，由美国知名计算机科学家组成的计算社区联盟发表白皮书《大数据计算：在商务、科学和社会领域创造革命性突破》，提出大数据的价值在于新用途和新见解，而非数据本身。该组织是最早提出大数据概念的机构之一。

2.5.3 从数据到数据要素

数据被纳入生产要素范围，与土地、劳动力、资本、技术等传统生产要素并列，企业要充分发挥数据这一新型生产要素能使其他生产要素效率倍增的作用，使数据成为推动经济高质量发展的新动能。

数字经济需要数据要素，而从数据到数据要素并非一蹴而就，需要涉及两方面的工作：①让数据成为生产要素；②发挥数据要素的生产力作用。这两个方面的工作可以形成一条数据化生产的价值链：通过梳理数据要素感知、传输、存储、计算、分析、应用的过程，打造一条贯穿产品整个价值形成过程中各环节的数据链，以数据要素激活或实现其他生产要素对生产力发展效率的倍增作用，这是新一轮科技革命与产业变革的必然要求。

数据作为新型生产要素，具有劳动工具和劳动对象的双重角色，同时也具有促进生产力发展和催生新生产关系的双重作用。图 2-2 所示为数据要素理论及数据要素市场构成关系图。

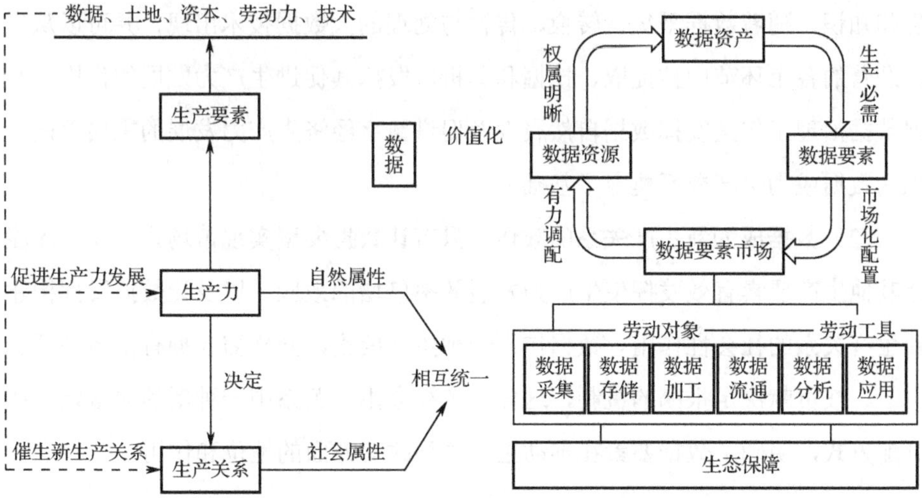

图 2-2　数据要素理论及数据要素市场构成关系图

数据作为劳动对象，通过采集、存储、加工、流通、分析等环节，具有了价值和使用价值。而数据作为劳动工具，通过融合应用能够提升生产效能，促进生产力发展。

数据的自然属性体现在数据有促进生产力的作用，数据采集、数据存储、数据加工、数据流通、数据分析、数据应用、生态保障这七大模块，覆盖数据要素从产生到发挥作用的全过程。其中，数据应用模块主要是指数据作为劳动工具发挥带动作用的阶段；而其余 6 个模块主要是指数据作为劳动对象被挖掘出价值和使用价值的阶段。

本质上，数字经济就是要构建一种通过数据使生产力发展倍增、催生新生产关系的新经济形态。新一轮科技革命和产业变革正在孕育和兴起，数字经济强势崛起已经成为生产力发展的新动能，并孕育了众多新的生产范式。

传统经济是基于物质产品形成的生产交换关系，数字经济是基于数字化产品和物质产品形成的生产交换关系。

从上述分析中,可以更加清晰地看出数字经济对数据要素有两方面的要求。

（1）数据成为生产要素。数据是记载的信息，信息能够成为知识。这些信息和知识，随着数据采集、转换、传输与处理的大数据技术出现，并可以从生产经营的各个环节中被提取、挖掘和分析，发挥其促进生产力发展的作用。开展数据治理工作是发挥数据自然属性及促进数字经济生产力发展的重要手段，也为数据成为生产要素奠定了基础。

（2）数据成为新生产关系的载体。只有让数据要素实现市场化配置，才能让其他生产要素有效发挥使生产力发展效率倍增的效应，以及让数据发挥构建新生产关系的社会性作用。数据作为一种生产要素，同样需要拥有由市场评价贡献、按贡献决定报酬的机制，这体现了社会生产关系中一种新的财富定义和分配方式，明确了数据要素在推动生产关系改变方面的地位和作用。

2.5.4 从数据资源到数据资本

数据是一种重要的生产要素，在不同阶段、不同场景中，数据将具有资源、资产、资本等不同属性。

1. 数据资源

资源是指自然界和人类社会中可用于创造物质财富和精神财富的、具备一定量积累的客观存在形态，这些资源包括但不限于土地资源、矿产资源、森林资源、海洋资源、石油资源、人力资源以及信息资源等。显然，资源的来源和构成并不仅限于自然资源，还包括了人类社会、经济、技术等多个领域的因素，以及人力、智力（如信息和知识）等资源。马克思与恩格斯指出：“劳动与自然界的结合构成了一切财富的源泉，自然界为劳动提供素材，而劳动则将这些素材转化为财富。”这一论述不仅确认了自然资源的客观存在性，同时也强调了人（包括劳动力和技术）在财富创造过程中的不可或缺性。

对比资源的定义，我们可以看出，数据是一种重要的资源，具有明确的来源（包括人、社会组织、企业以及各类动植物、非生命体等），可以被有效地采集获取（例如，政府基于履职需求，采集公民的个人信息、行为信息），是一种可被量化的客观存在。另外，将采集到的数据基于数据平台进行加工、开发与应用可带来巨大的价值，包括物质财富和精神财富。当前，我国正在推进数字经济，数据作为一种重要资源，已经得到社会各界的广泛认可。

2. 数据资产

数据资产已经成为热门议题。《企业会计准则——基本准则》第二十条规定："资产是指企业过去的交易或者事项形成的、由企业拥有或者控制的、预期会给企业带来经济利益的资源。"其中，"企业过去的交易或者事项"包括购买、生产、建造行为或其他交易、事项，预期在未来发生的交易或者事项不形成资产；"由企业拥有或者控制"是指企业享有某项资源的所有权，或者虽然不享有某项资源的所有权，但该资源能被企业所控制；"预期会给企业带来经济利益"是指直接或间接导致现金和现金等价物流入企业的潜力。《企业会计准则——基本准则》第二十一条规定："符合本准则第二十条规定的资产定义的资源，在同时满足以下条件时，确认为资产：（一）与该资源有关的经济利益很可能流入企业；（二）该资源的成本或者价值能够可靠地计量。"

由上述资产的界定来看，资产具有现实性、可控性和经济性三个基本特征。现实性是指资产必须是现实已经存在的，还未发生的事物不能称为资产；可控性是指对企业的资产要有所有权或控制权；经济性是指资产预期能给企业带来经济效益，且资产的成本或者价值能够被可靠地计量。

财政部会计司于2023年8月21日正式发布了《企业数据资源相关会计处理暂行规定》（以下简称《暂行规定》），规范了企业数据资源相关会计处理，同时强化了相关会计信息披露。该暂行规定的征求意见稿在2022年12月9日发布，对于数据资源"入表"范围和条件、会计处理适用的准则等广泛征求意见。

《暂行规定》的颁布贯彻落实了党中央、国务院关于发展数字经济的决策部署，有助于进一步推动和规范数据相关企业执行会计准则，准确反映数据相关业务和经济实质。

《暂行规定》主要围绕数据资源是否可以作为资产入表，数据资源及相关交易如何进行会计处理、如何在财务报表中列示，以及需要做出何等程度的披露等方面进行规范，自 2024 年 1 月 1 日起施行且采用未来适用法。

3. 数据资本

大数据之父舍恩伯格在他的新书《数据资本时代》中指出，在海量数据市场上，数据的价值将全面赶超货币，数据将是未来市场的基础。数据资本化的过程，就是将数据资产的价值和使用价值折算成股份或出资比例，再通过数据交易和数据流动变为资本的过程。但这个过程还需要不断地探索，与实物资本不同，数据资本也有自身的特性。例如，非竞争性，即实物资本不能多人同时使用，但数据资本由于数据的易复制性特点，其使用方式可以无限多；不可替换性，即实物资本是可以替换的，而数据资本则不行，因为不同的数据包含不同的信息，其所具有的价值也是不同的。

我国的经济已经进入了数字化时代，在发展“数字经济”建设“数字中国”方面成绩斐然。很多大数据平台开始高度利用获取的数据提供数据服务。但当前仍然面临数据孤岛、灰色黑色交易。数据与资本之间的“传输”“算力”“人工智能”“产品”在确权、定价、标准、存证、信用体系、溯源和收益分配方面都有很大的不确定性。只有在源头与最终结果之间有了清晰的利益准则和分配标准，资本才会源源不断地落入数据服务的每个环节。

数据资源、数据资产、数据资本的概念在理论上尚处于不断探索完善的阶段，但数据价值的发挥都在于汇聚、打通及利用。数据“活”于流动之中，只有在互联互通中，才能最大限度地挖掘和释放数据的价值。

第 3 章

Web 3.0 数据要素

3.1 Web 3.0 时代的数据特征与价值

3.1.1 Web 3.0 的概念

Web 3.0 是一个去中心化的互联网，建立在开放的区块链网络之上，不由大型实体拥有和控制。Web 3.0 是目前正在构建的第三代互联网，网站和应用程序将能够通过人工智能（AI）、机器学习（ML）、大数据、去中心化分布式账本等技术以类似人类的智能方式处理信息。

Web 3.0 是以区块链等技术为核心的下一代分布式的互联网形态，通过数字身份、智能合约等技术手段，将原有的生产关系进行重构，将数据所有权及控制权交还给生产者和使用者。

目前，Web 3.0 仍然是一个相当不明确的概念，从 Web 2.0 到 Web 3.0 的过渡，可能需要 5～10 年的时间。事实上，我们很可能首先看到一个延长的 Web 2.5 时代，即 Web 2.0 平台逐渐搭载有用的 Web 3.0 协议。

专家们普遍认为，基于区块链技术的应用程序将是 Web 3.0 成功的关键，以确保其充分的去中心化，而人工智能和机器学习工具将有助于根据需要对其进行自动化和扩展，以形成语义网。

事实上，Web 3.0 最初被万维网发明者 Tim Berners-Lee 称为语义网，旨在成为一个更加自主、智能和开放的互联网。

Web 3.0 的数据将以去中心化的方式互联，这对于我们当前这一代互联网（Web 2.0）来说将是一个巨大的飞跃，Web 2.0 的数据主要存储在集中的存储库中，因此容易受到操纵。

此外，Web 3.0 的用户和机器将能够与数据进行交互，但要做到这一点，程序需要从概念上和上下文中理解信息。因此，Web 3.0 的两个基石是语义网和人工智能（AI）技术。

3.1.2 Web 3.0 的发展演进

从 Web 1.0 到 Web 2.0 再到 Web 3.0 的演进，反映了互联网发展理念的升级。

Web 1.0 以向用户提供信息服务为理念，其主要特征是门户网站主导创作并向用户提供服务，用户只能被动地浏览文字和图片以及简单的视频内容。

Web 2.0 以整合劳动者和消费者为理念，其主要特征是平台作为中间商整合多边市场，用户不仅是享受服务的消费者，同样可以成为提供服务的劳动者，在平台上进行劳动力交易、创造内容或者进行线上社交活动。

Web 3.0 以去信任、去中介和数字资产化为理念，其主要特征是利用分布式账本技术对 Web 2.0 应用逻辑进行重构，利用区块链的可信协作、分布式执行、数据保护、资产转移等能力进一步整合信息流、业务流和价值流，以更加标准化的、更加简洁的链上智能合约来代替现有互联网应用服务，消除对中心机构的依赖。

Web 3.0 具有多重定义，可满足不同参与者的价值主张。广义的 Web 3.0 是指下一代互联网，而狭义的 Web 3 是指目前全球区块链产业生态。Web 3 只是 Web 3.0 阶段中诸多技术概念中的一个（图 3-1），Web 3 能否发展成下一代互联网仍有待商榷。

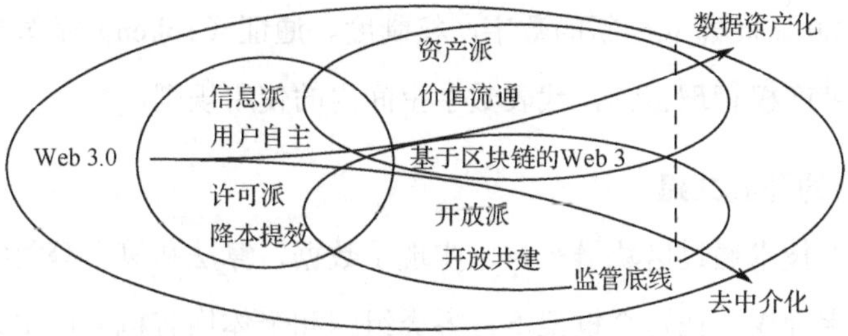

图 3-1　基于区块链的 Web 3

Web 3 包含两个核心价值主张：数据资产化和去中介化。从数据资产化的角度看，Web 3 强调价值流通，认为数字空间中的数字产权可以高效流通，任何人可以在互联网上创造价值、分享价值、获得价值。

从去中介化的角度来看，Web 3 强调开放共建，认为互联网应用服务在技术、数据、知识产权、算法代码、功能接口、金融市场等层面应该足够开放，普通用户能够参与到互联网应用服务的生产、交换、消费等各个环节当中。

3.1.3　Web 3.0 的技术特点

Web 3.0 倡导建设者与用户共同参与、共同构建，作为支撑其开放共建的基石，开源特性在其中发挥着至关重要的作用。开源不仅为消费者带来了诸多益处，更是 Web 3.0 理念的集中体现。Web 3.0 之所以受到业界的广泛认同，主要源于其开放包容的生态特性。在数据、算法、功能、接口等层面，Web 3.0 均保持公开透明。它允许用户直接在代码层面验证系统的真实性，从而为用户提供更加全面、深入的安全验证机制。此外，Web 3.0 的应用程序在运行过程中也完全透明化，有效消除了算法“黑箱”可能带来的负面影响。正因为开源治理公开、交易可查等基础特性，Web 3.0 才能够衍生出网络的开放共建性、算法的可组合性、数据的可移植性等进阶特性。

Web 3.0 重视用户自主权，密码学是其基础技术。Web 3.0 希望将数字产权从互联网平台转移到用户手中，这是其发展的核心驱动力。通过区块链和智能合约，Web 3.0 试图建立全新的数字产权制度。通证（Token）是智能合约的一种，作为数字产权管理工具，代表数字空间内的使用规则。

1. 网络的开放共建

Web 3.0 技术通过区块链平台，实现了数据、算法和算力等数字资源的开放共享与数字确权。在这个框架下，各类组织和个体均有机会自主参与网络基础设施的建设，从而为 Web 3.0 数字空间贡献存储、计算、网络带宽以及数字内容等资源。同时，借助密码学技术，Web 3.0 确保了用户所提供的劳动力和资源能够被有效记录和验证，从而保证了整个数字生态的公正与透明。

2. 算法的可组合性

各类数据、算法、算力、身份以及应用等要素，均可实现自由组合与灵活搭配，类似于乐高积木的拼接方式。某一应用亦可作为另一应用的构建基础，进而通过融合不同的应用，创造出更为宏大的应用体系。

3. 数据的可移植性

Web 3.0 技术赋予用户对其数据的携带权，允许用户在不同应用之间自由转移数据。若用户对某一应用存在不满，可随时将其数据迁移至其他应用，实现数据的“自由迁徙”和“改换门庭”。这一特性不仅提高了用户数据的灵活性和可用性，也促进了应用间的公平竞争和健康发展。

4. 算法治理的自主权

应用规则与数字社会制度的稳健运行，得益于密码学技术的有力保障。用户通过数字权益凭证，积极参与应用业务的功能拓展与发展方向的决策，确保每位参与者均能在算法治理中掌握话语权。这种机制确保了数字社会的公正、透明与高效。

5. 身份数据的自主权

通过密码学技术确保用户对其数字身份的全面掌控，实现个人数据的自主流转，严格保护个人隐私信息安全。这不仅能够有效防止“信息茧房”现象的出现，还能够帮助用户避免被迫陷入“二选一”的困境，防止遭受“算法歧视”和“大数据杀熟”等不公平待遇。

3.1.4 Web 3.0的核心价值

1. 有望塑造互联网技术新体系

Web 2.0 的数据收集、存储及使用均以中心化方式为主，存在数据过度收集并滥用的风险。而 Web 3.0 基于开源和密码学的技术治理体系能够有效规避“信息茧房”“二选一”“算法歧视”“大数据杀熟”等乱象。首先，Web 3.0 的核心理念是将数据所有权从平台转移给个体用户，基于区块链和密码学技术实现数据确权，保障数据所有者能够自主授权其数据是否允许他人使用，以此实现从数据滥用到数据自主可控的转变。其次，Web 3.0 强调对技术的正确运用并有助于算法开放共治的实现。Web 3.0 将算法代码开源，通过密码学技术建立一种自证清白的信任机制，保障应用按规定正确运转，允许核心团队、独立开发者、用户基于数字权益凭证共同治理应用的业务功能和发展方向，让每位参与者都能掌握算法治理的话语权，以此实现从算法滥用向算法开放共治的转变。最后，Web 3.0 将区块链作为互联网逻辑处理和数据存储的公共基础设施，所有基础设施、组件、应用可通过数字钱包访问，彼此之间可以无障碍地进行沟通、验证和价值交换，这不仅降低了平台对于数据的垄断地位，还为跨应用的数据共享提供了有效解决方案。

2. 有望优化互联网发展模式与产业格局

Web 2.0 的大型互联网平台凭借其技术和渠道优势加剧了资本垄断，主导了经济利益分配的规则制定，并通过规模倍增效应进一步降低边际成本，提升话语权，导致市场形成“赢家通吃”局面。而 Web 3.0 的去中心化事务处理方式是解决中心平台垄断和利益分配失衡问题的一种尝试。一方面，Web 3.0 以多方协同的分布式架构对传统中心化的封闭业务进行重构，通过链上更加透明的商业合作机制形成开放、可互操作、人人可参与的商业生态系统。开放生态中的公共数据积累和多样化应用，会持续赋能技术和应用创新，让更多的中小企业、微组织、创作者从开放生态中获利。另一方面，Web 3.0 中的创作者经济将促进数字内容创作和传播以及跨领域的综合利用，形成全球化的数字内容流通市场，开拓互联网产业新的发展方向。发展 Web 3.0 有望在做优做强我国文化创新、文化消费、数字文化产业的基础上，助力我国优秀文化出海。

3. 有望构建互联网经济新范式

Web 2.0 解决了各主体间的信息流通问题，但并未解决在数据流通之上的价值流动问题。Web 3.0 依托区块链技术独创的通证经济体系，在没有第三方信用支撑的情况下，将数据及资产映射为各类数字化权益凭证，以数字权益凭证流通的方式实现数据确权。数据交易、数据流转等应用，是用技术手段解决数据价值流通的一种创新性尝试。Web 3.0 通过在区块链上建立身份、社区、活动、商品、金融等基本社会要素，形成一套完整的“数字原生社会运作机理”。NFT 的出现为数字原生社会带来数字原生商品，使得数字原生社会的生产和消费形成价值闭环。用户可以在“数字原生社会”中“组织生产—消费—扩大再生产”，形成“数字原生经济体系”，如图 3-2 所示。Web 3.0 能够在做优做强数字经济的基础上，在数字空间创造出经济可自循环的“数字原生经济市场”，拓展数字经济的新空间。

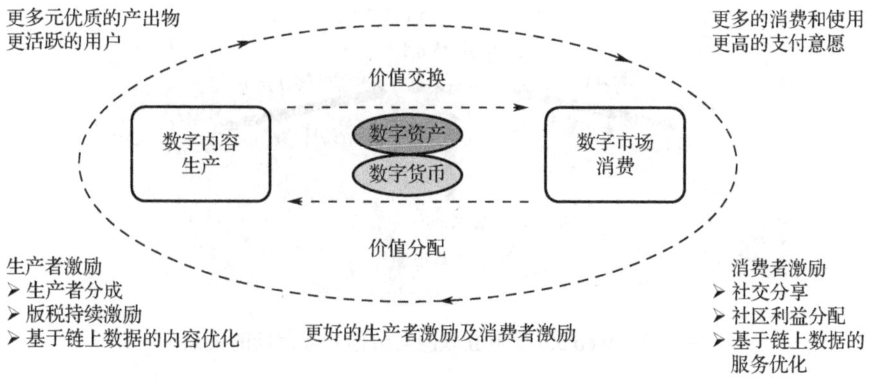

图 3-2 Web 3.0 数字经济生态

3.2 数据要素市场

数据是一种新型生产要素，随着经济活动数字化转型加快，数据对提高生产效率的乘数效应凸显，成为最具时代特征的生产要素的重要变化。

Web 3.0 价值互联网与我国数据要素市场的发展理念殊途同归，如图 3-3 所示。Web 3.0 价值互联网和数据要素市场都着重讨论数据作为新时代的生产资料应该归谁所属，如何改善数字空间中数据要素的产权关系，数据要素如何安全自由流通，所产生的价值应如何合理分配。前者的基本对象是数字资产，后者的基本对象是数据资产。两者都尝试通过区块链技术对生产资料进行确权和流通，并形成有效市场，使市场在资源配置中起决定性作用。随着数字经济的纵深发展，数字资产交易将成为金融市场的重要组成部分。短期内，结合区块链技术可以实现金融资产、知识产权、数据资产等的链上确权与交易，在数字票据、跨境支付、数据交易、算力交易、能源交易等领域实现链上价值转移；长期看，面对蓬勃发展的原生数字资产，不仅需要结合新兴数字技术，开辟新型交易场所，同时要加紧制定配套的法律法规和交易规则，才能更好促进我国数字经济的繁荣和发展。

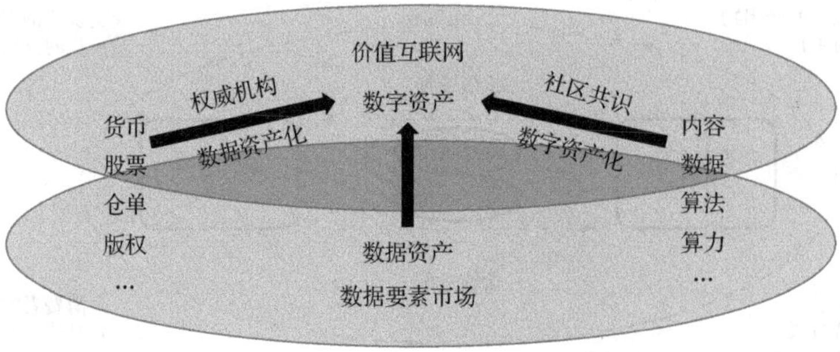

图 3-3　Web 3.0 价值互联网与数据要素市场的关系

3.3　数字资产和数据资产

数据作为新型生产要素具有巨大潜在价值，这已经达成了广泛共识，数据资产化已成为企业数据资产管理的重要环节。早在 2013 年，大数据之父舍恩伯格就在《大数据时代》一书中指出："虽然数据还没有被列入企业的资产负债表，但这只是一个时间问题。"要探索数据转化为资产并进行会计计量和流通的前提条件和转化机制，首先需要厘清数据资产相关的概念。

3.3.1　资产的定义

从人类社会发展历史的角度来看，对资产形态与范围的认知，已经经历了由实物资产到无形资产，再到当前数据资产的逐步扩展与深化。目前，对资产定义的权威诠释主要源自国际会计准则以及我国财政部发布的《企业会计准则》。国际会计准则在其框架中表示，资产系指企业因过去事项而拥有或控制的，预期能为企业带来经济利益的资源。而财政部《企业会计准则——基本准则》（2014 年修正）第二十条则规定："资产是指企业过去的交易或者事项形成的、由企业拥有或者控制的、预期会给企业带来经济利益的资源。"此外，《企业会计准则第 6 号——无形资产》进一步明确了无形资产的定义，即企业拥有或者控制的没有实物形态的可辨认非货币性资产。

综上所述，当前对资产的定义所形成的共识主要包括以下四个方面的特征：①从资产的来源来看，资产必须源于企业过去的交易或事项，是对企业历史信息的反映，而未来预期的交易或事项并不构成资产；②从资产的法律属性来看，企业必须拥有某项资产的所有权或控制权，以确保该资产产生的经济利益能够可靠地流入该企业；③从资产的经济属性来看，无论是有形资产还是无形资产，都必须能够为企业提供未来的经济利益，这是资产确认的核心要求；④该资源的成本或价值必须能够进行可靠的计量。

3.3.2 数字资产

数字资产，广义而言，指的是以电子数据形式存在并由个人或企业所拥有或控制的资产。它不仅涵盖数字知识产权，如专利和软著，还包括新兴的虚拟资产，如加密货币。此外，现实世界中的实体资产，如车产、房产和土地，通过数字化技术手段映射到数字空间后，也成为数字资产的一部分，它们经过区块链上链确权后，可在数字空间进行交易和流转。

狭义来讲，数字资产特指登记在分布式账本上的计算机程序，通常被称为通证。资产之间的交换实际上是在账本上变更资产所属人的过程。通证不仅标明了资产在链上的所属账户，还可以定义资产的使用规则。

在业界，我们常常提到的“原生数字资产”或“数字原生资产”指的是在区块链上发行并流转的数字资产。这些资产从诞生起就以纯数字化的形式存在于区块链上。原生数字资产及其衍生数字资产均可被视为原生数字空间的资产类型。非原生数字资产主要包括“数字化资产”和“数据资产”两类。

数字化资产即非数字资产以数字化形式的呈现。传统金融体系中的股票、债券、衍生品等不是数字化后的资产，而是资产的数字化表达。数字化资产不光要求资产以数字化形式呈现，还需要将资产所包含的信息、资产的交易模式设计以及如何适应权属关系的变化考虑在内。非原生数字资产的生成和构建步骤也可以看作是从资产数字化到数字资产化的过程。资产数字化是企业借助已有资产，对数据资源进行归纳汇集的过程，数据经过记录、筛选、转换等步骤，生成可以转化为资产的结构化信息资源；数字资产化（或数据资产化）则是将结构化数据与具体应用场景相结合使数据转化为能够创造经济效益的资产的过程。如果说资产数字化侧重数据的积累汇集，那么数字资产化就是强调数据的价值挖掘。

3.3.3 数据资产

数据资产是指由各类组织，包括政府机构、企业、事业单位等，依法拥有或掌控的数据资源，这些数据资源以电子或其他形式进行记录，涵盖了文本、图像、语音、视频、网页、数据库、传感信号等多种结构化或非结构化数据。数据资产不仅可计量、可交易，更能直接或间接促进经济效益和社会效益的提升。随着互联网的普及与发展，由网络交易、用户行为等产生的数据资产正在崭露头角，成为新兴的资产类别。

1. 数据资产的定义

数据资产（Data Asset）是指由企业拥有或者控制的，能够为企业带来未来经济利益的，以物理或电子的方式记录的数据资源，如文件资料、电子数据等。在企业中，并非所有的数据都能构成数据资产，数据资产是能够为企业产生价值的数据资源。

通过对数据和资产的分析可以发现，数据在特定的条件下符合会计学中对资产的定义。数据的资产属性已经在法律层面、国家及行业标准、学术界等获得普遍的认可。在法律法规层面，虽然尚未对数据或数据资产做出正式的统一的定义，但是部分法律已提及了数据相关概念，或对数据保护提出了总体性要求，或对数据的权属进行明确。例如，相关的数据条例中提出了数据权的概念，规定自然人、法人及非法人组织对其合法处理数据形成的数据产品和服务享有法律、行政法规及本条例规定的财产权益。《中华人民共和国数据安全法》第七条规定："国家保护个人、组织与数据有关的权益，鼓励数据依法合理有效利用，保障数据依法有序自由流动，促进以数据为关键要素的数字经济发展。"在国家标准层面，部分细分领域或行业已结合自身情况率先对数据资产进行了较为明确的定义。例如，《电子商务数据资产评价指标体系》（GB/T 37550—2019）中明确提出数据资产的定义是以数据为载体和表现形式，能够持续发挥作用并且带来经济利益的数字化资源，并明确指出"数据资产包含结构化数据、非结构化数据和半结构化数据"、"数据资产能够估值、交易，并以货币计量"、"数据资产能够为组织带来潜在价值或实际价值"等。该定义较为全面地从数据资产的展现形式、价值体现、分类、特质等方面阐述了数据资产可以为组织带来直接或间接价值的能力，并且可用货币进行计量的特点。

在学术领域，关于数据资产的研究已经得到了行业专家和学者的广泛关注。自 1974 年"数据资产"一词首次由美国学者理查德·彼得斯提出以来，这一概念逐渐受到重视。国内对数据资产的明确定义始于 2018 年，由朱扬勇等学者提出，他们认为数据资产是拥有数据权属（勘探权、使用权、所有权）的，有价值、可计量、可读取的网络空间中的数据集，这一观点对数据权属问题进行了强调。2019 年 6 月，中国信通院发布的《数据资产管理实践白皮书 4.0》中，对数据资产的定义进行了进一步阐述："数据资产（Data Asset）是指由企业拥有或控制的，能够为企业带来未来经济利益的，以物理或电子的方式记录的数据资源，如文件资料、电子数据等。"该定义从数据资产的权属、功能特点、表现形式等方面进行了全面概述。

然而，尽管在国家法律法规、行业标准及学术界对数据资产的定义有了一些探索性研究和尝试，但整体上仍处于起步阶段。因此，本书结合数据、资产、无形资产的定义以及国家标准、行业指引、专家学者文献等研究实践，从企业应用的角度出发，将数据资产定义为：企业过去的交易或事项形成的，由企业合法拥有或控制的，且预期在未来一定时期内为企业带来经济利益的以电子方式记录的数据资源。这一定义为企业对数据资产的管理和利用提供了更为明确和实用的指导。

该定义的具体意义阐释如下。

（1）“企业过去的交易或事项形成”，是指数据必须是现实存在的，未来预期产生或获取的数据不能划分为数据资产。

（2）“由企业合法拥有或控制”，是指数据来源及出处必须合法合规，企业以不正当手段非法获取的、有产权争议的、无法控制的数据资源不能确认为数据资产。

（3）“预期在未来一定时期内为企业带来经济利益”，是指数据资产预期在未来一段时间内，通过直接或间接等形式为企业带来持续经济效益，没有经济价值或在现有的技术条件下无法确定未来经济利益的数据以及不能反复连续使用的数据不能划分为数据资产。

（4）“电子记录”，是指能够通过盘点、注册等管理手段，对数据资产进行识别、记录及计量，对于手工记录的数据，不纳入数据资产范畴。

2. 数据资产的特点

经过对理论研究与行业实践成果的深入梳理与总结，我们发现数据资产相较于传统的有形资产和无形资产，其具备一系列独特的属性。这些属性使得数据资产的估值面临诸多挑战，并将在未来数据资产估值体系的构建与完善过程中，成为我们持续关注和优化的重点。

1）非实体性和无消耗性

数据资产相较于传统有形资产，其显著特征在于其非实体性和无消耗性。传统有形资产，如机器设备或原材料，均具有一定的消耗性，其用途往往受限于单一使用方和特定目的。例如，机器设备会随着使用次数的增加而逐渐磨损，原材料在加工后转化为新产品，均体现了其消耗性。数据资产则不同，其价值并不会因使用频率的增加而磨损或消耗。其无消耗性保证了在存续期间，数据资产可以被无限循环利用。这一特性使得在评估数据资产价值时，必须充分考虑其可重复使用的属性。因此，对于数据资产的管理和估值，需要采取与传统有形资产不同的方法和策略。

2）可加工性

数据资产具备可多维度加工的特性，经过精心处理后的数据可转化为全新的数据资产。具体来讲，数据资产可得到维护、更新和补充，从而提升数据质量；同样，数据也可经过删除、合并和归集，有效消除冗余信息。此外，经过数据分析、提炼和挖掘，还能进一步丰富数据资产中所蕴含的信息量。数据的这种可加工性质，使得数据使用者能借助各种数据技术，将数据转化为更为多样化的形式，深入挖掘数据中的潜在信息，进而推动数据应用能力的不断提升。

3）形式多样性

传统资产通常具有固定的形态，而数据资产则展现出了丰富的多样性。基于其可加工性，数据资产能够与各种数据处理技术紧密结合，实现多样化的展示、应用及形式转换，以满足不同数据用户的需求。例如，为了满足财务管理与记账的需求，我们可以利用各类报表对财务数据进行统计；而对于各类管理指标数据，通过各类可视化工具，可以以图形等形式为企业管理层提供直观的企业整体情况概览。这些多样化的应用方式体现了数据资产的独特价值和灵活性。

4）多次衍生性

在数据处理领域，针对同一数据主体，经过多层次、多维度的精细加工处理，能够产生不同程度的数据价值。数据资产的这种多次衍生性对于挖掘企业的数据资产价值至关重要。企业若能有效利用这种衍生性，将能够全面、深入地挖掘数据资产的潜在价值，进一步丰富其数据生态链。这不仅有助于企业实现数据驱动的战略目标，更能在激烈的市场竞争中稳固其领先地位。数据资产的使用者可以根据具体需求和应用算法，生产出多样化的衍生数据。以直接采集的原始客户数据为例，这些数据在通过简单的汇总加工后，即可转化为数据平台中供各类应用系统共享的数据资源。在此基础上，业务部门能够进一步对这些数据进行加工，从而衍生出关于客户偏好的深入分析与画像，为企业的市场策略提供坚实支撑。同时，风险管理部门也能够利用这些数据进行更深层次的挖掘，进而衍生出对客户风险等级的判断数据，为企业的风险管理提供科学决策依据。

5）可共享性

数据资产的可共享性，即数据资产可无限交换、转让与使用，供多方共享。同一数据能同时支撑多个主体的使用需求，而各主体对同一数据的运用将创造出各异的价值。这一特性在挖掘企业数据价值的过程中发挥着至关重要的作用。充分利用数据资产的可共享性，可最大程度地发掘并释放其潜在价值。

6）零成本复制性

数据资产的成本主要集中于前期的数据采集和研究开发环节，因此，初创期的数据资产面临高昂的成本压力。然而，随着数据产品的不断推出，由于其可无限复制的特性，其边际成本逐渐趋向于零，从而可能导致相同类型的数据资产在成本方面存在显著的差异。此外，数据资产的零成本复制性也为其广泛共享提供了可能，使得更多的人能够利用这些资产，进而催生出大量的潜在交易需求和价值。

7）依托性

数据资产无法独立存在，必须依托于特定的介质来进行存储和处理。这些介质包括磁盘、硬盘等多样化的形式。此外，数据资产要发挥其功能和效益，还需借助有形资产，如计算机和其他硬件设备。因此，在计算数据资产的价值及相关成本时，必须充分考虑其依托的介质成本。在评估过程中，我们必须全面考虑数据资产所依托的有形资产的折旧、维护等成本，以确保我们得到的数据资产成本是准确且可靠的。

8）价值易变性

数据资产相较于传统无形资产，其价值更易受到多种复杂因素的共同作用，表现出显著的价值易变性特点。随着数据技术的持续演进、数据相关政策的调整以及数据应用场景的不断拓展，数据资产的价值将发生相应变化，且这种变化的幅度相对较大。因此，在管理和利用数据资产时，需要充分考虑其价值的动态性和不确定性。

例如，某企业先前所创建的某算法模型，鉴于机器学习技术的不断进步，原有模型的精确性已显著落后于采用最新技术的模型，其价值因此受到技术因素的深刻影响。同时，目前关于数据确权、数据安全及隐私保护等法律法规正处于逐步完善的过程中，随着这些政策的明确化，将决定不同类型或主题的数据资产是否具有交易价值。

数据资产的这些重要特点，体现在后续的具体评估方案设计中的参数选择、参数计算、对象划分等各个环节中，构成数据资产评估的必要前提和基础。

3.4 数据资产管理与运营

3.4.1 数据资产管理

1. 数据资产管理的定义

数据资产管理（Data Asset Management，DAM）是指规划、控制和提供数据及信息资产的一组业务职能，包括开发、执行和监督有关数据的计划、政策、方案、项目、流程、方法和程序，从而控制、保护、交付和提高数据资产的价值。数据资产管理需要充分融合业务、技术和管理，以确保数据资产保值增值。

2. 数据资产管理的内涵

在大数据体系中，数据资产管理的定位如图 3-4 所示，它位于应用层与底层平台之间，发挥着承上启下的关键作用。在上层，数据资产管理为以价值创造为导向的数据应用开发提供有力支撑；在下层，它则依赖于大数据平台，实现数据全生命周期的有效管理。数据资产管理的核心包括两个关键方面：一是其核心的管理职能，二是确保这些职能得以落地实施的保障措施。这些保障措施包括但不限于战略规划、组织架构设计以及制度体系构建等。

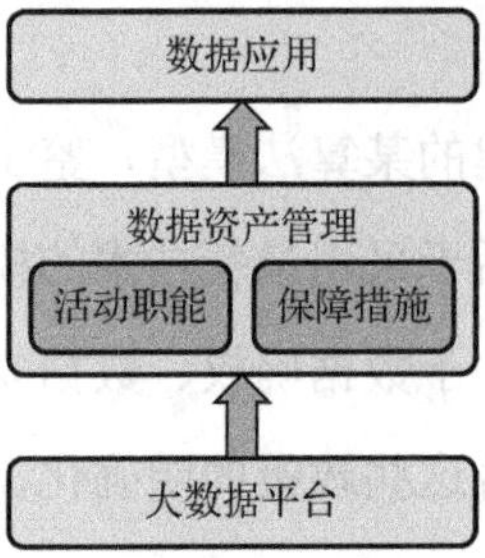

图 3-4　数据资产管理在大数据体系中的定位

数据资产管理是一个涵盖数据采集、存储、应用和销毁等整个生命周期的综合性过程。企业管理数据资产的核心在于实现数据全生命周期的资产化管理，从而推动数据在内部增值和外部增效两方面的价值实现，并有效控制数据在整个管理流程中的成本消耗。在数据生命周期的起始阶段，企业需预先规划数据策略，明确数据规范，以确保具备实现数据采集、交付、存储和控制所需的技术能力。一般而言，数据资产管理包括统筹规划、管理实施、稽核检查和资产运营四个核心阶段。

3. 数据资产管理的演变

数据管理的概念源于 20 世纪 80 年代，随着数据随机存储技术和数据库技术的广泛应用，计算机系统中的数据得以便捷存储和访问。国际数据管理协会（DAMA）在 2009 年发布的数据管理知识体系 DMBOK1.0 中，对数据管理进行了明确定义，即规划、控制和提供数据资产，以实现数据资产的价值最大化。DAMA 的数据管理体系进一步将数据管理细分为十个关键领域，包括数据治理、数据架构管理、数据开发、数据操作管理、数据安全管理、参考数据和主数据管理、数据仓库和商务智能管理、文档和内容管理、元数据管理、数据质量管理。在这些领域中，数据治理占据核心地位，它涉及高层次、规划性的数据管理制度活动，包括制定数据战略、完善数据政策、建立数据架构等，旨在确保数据的使用者、使用方式、使用权限等的合规性，并强调数据资产全生命周期管理的基础工作和相关保障措施。

随着数据管理领域的不断发展，2015 年 DAMA 在 DMBOK2.0 知识体系中将数据管理职能扩展至 11 个方面，包括数据治理、数据架构、数据模型与设计、数据存储与操作、数据安全、数据集成与互操作、文件和内容管理、参考数据和主数据管理、数据仓库和商务智能（BI）、元数据管理、数据质量管理等。这些职能的划分反映了数据管理领域的广泛性和复杂性。

在数据资产化的背景下，数据资产管理作为数据管理的进一步发展，可以视为数据管理的升级版。两者的主要区别体现在以下三个方面：首先，数据资产管理从数据是一种资产的视角出发，强调基于数据资产的价值、成本、收益开展全生命周期的管理。其次，数据资产管理在职能上有所拓展，不仅包含传统的数据管理职能如数据模型与设计、元数据管理、数据质量管理、参考数据和主数据管理、数据安全等，还整合了数据架构、数据存储与操作等内容，并将数据标准管理纳入管理职能。此外，针对当下应用场景和平台建设情况，数据资产管理还增加了数据价值管理职能。最后，在管理要求上，数据资产管理强调组织架构和管理制度的升级，需要更专业的管理队伍和更细致的管理制度来确保数据资产管理的流程性、安全性和有效性。这些变化反映了数据资产管理在应对数据资源日益增长和复杂化的挑战时所具备的优势和价值。

3.4.2 数据资产的相关代表产品

1. 非同质化通证

非同质化通证（Non-Fungible Token，NFT）是一种实现数字资产化的方式，是以智能合约的形式存在于区块链上，用以管理特定数字资产的转移逻辑，并作为代表这些资产的权属凭证。NFT 能够标记各种资产，无论是数字资产如在线艺术品、头像、域名、活动门票、游戏皮肤、装备、虚拟土地等，还是实体资产如车产、房产、土地等。这些被标记的资产的相关信息，如权利内容和历史交易流转等，都会被记录在NFT的智能合约标识信息中，并在区块链上生成一个无法篡改的独特编码，从而形成一个独特且可验证的权属凭证。

与NFT相对的是同质化通证（Fungible Token，FT），它们都是基于区块链技术的数字资产管理手段。FT主要用于标记同质化、可拆分的资产，如数字货币、数字积分等，其代表的标准协议有ERC-20、ERC-223等。而NFT则专注于非同质化、不可拆分、唯一的数字资产，其代表的标准协议有ERC-721、ERC-1155、ERC-998等。

NFT的应用广泛，各种形式的数据都可以通过NFT在链上进行标记确权和资产化。例如，Otherside和Sandbox将元宇宙中的虚拟地产铸造为NFT，Loot将游戏道具信息铸造为NFT，Mirror允许作者将一篇文章铸造为NFT，Lens Protocol将用户的社交关系数据铸造为NFT等。

值得注意的是，NFT与可验证凭证（Verifiable Credentials，VC）具有一定的相似性。NFT和VC都是去中介化的数字证书，都可以存储在数字钱包中，并遵守某些标准协议。然而，NFT主要用于表示主体拥有某些特定资产的所有权，而VC则主要用于证明主体拥有某些身份属性。

2．数字藏品

近年来，Web 3.0概念的普及主要得益于数字藏品领域的迅猛增长。数字藏品因其文化属性和社交属性，更易于获得大众消费者的喜爱。自海外NFT市场中一批知名的头部品牌如Cryptopunk、BAYC、Azuki等推出头像类数字藏品（PFP）以来，这些数字藏品凭借其强大的吸引力，成功吸引了全球市场的目光。因此，NFT市场也逐渐从单一的加密艺术领域拓展至游戏、社交、商业营销等多个领域。

数字藏品通常承载着特定的文化价值、精神象征或审美偏好。相较于传统收藏品，数字藏品通过网络进行传播和展示更为便捷。收藏者通过区块链网络能够展示其数字身份下的数字藏品，满足他们在数字世界中表达个人文化圈层认同感的欲望。

数字藏品作为 NFT 的一种应用形式，在国内主要基于联盟链进行铸造和发行。它们被视为数字艺术品的数字版权凭证，侧重于保护数字内容创作者的版权，可视为传统版权体系的数字化升级。同时，国内对二级市场的交易进行严格限制，旨在削弱其金融属性并规避投机风险。数字藏品的定价通常采用统一市场售价，定价权大多掌握在平台或机构手中，这使得国内的数字藏品更倾向于被视为一种数字消费品或数字商品。

相较之下，海外的 NFT 通常基于公链进行铸造和发行。低准入门槛意味着全球范围内的个人和机构都可以参与到数字藏品的发行和创作。公开透明的流通渠道能有效防止发行方的增发和不当操作。此外，海外对二级市场的交易容忍度较高，NFT 价格会根据市场行情和供需关系而波动，这使得海外的 NFT 更具有金融属性，类似于一种新型的权益凭证。这种属性在不同领域的应用将促进文娱产业的创新以及数字资产的跨领域利用，对传统版权体系构成挑战，但同时也存在投机炒作、洗钱、非法金融活动以及内容安全等潜在风险。

3. CC0 协议

CC0（Creative Commons Zero）协议又称为免费知识共享版权协议，其在文创作品领域的效用，可与软件领域的开源概念相提并论。采用 CC0 协议，创作者将主动放弃其创作作品的所有版权，从而将作品置于公共领域，使之成为全人类共同的知识财富。任何个体或组织均可利用该作品的版权进行商业或非商业活动。

CC0 协议不仅鼓励在原创作品基础上创作衍生作品，更允许后续使用者在无须获得授权的情况下进行二次创作。当新的衍生作品被创造并分享时，公众的注意力将自然回流至原创作品，进而激发对原 IP 系列的更大关注，形成所谓的“飞轮效应”。每一个基于原创作品的衍生作品，都将在无形中增加原创作品的价值，推动整个创意生态的持续发展。

4．版税

创作者在完成一套 NFT 作品后，可设定一定比例的版税。这意味着每当该 NFT 在后续交易中产生利润时，部分金额将自动返还给创作者，从而为创作者带来持续的版税收益。例如，SuperRare 平台为艺术家提供的内置佣金为所有后续销售额的 10%。在未来的每一次交易中，这笔版税费用都将从卖方的收益中自动扣除。若该 NFT 系列在二级市场中流通性良好，则版税收入可能相当可观。通过 NFT 或数字藏品中的版税机制，创作者能够获取相当的创作收益和价值回报。

5．创作者经济与元宇宙

创作者经济，指的是独立的内容创作者，如博客作家、社交媒体网红、摄像师等，通过各类平台或社区发布原创内容并从中获取经济回报的一种经济形态。在 Web 2.0 时代，用户普遍拥有内容创建的能力，创作者、内容分发平台、MCN 机构、内容创作工具以及数据分析产品共同构建了这一时期的创作者经济生态。然而，由于创作者的内容多存储在中心化平台，其内容的传播与利益的分配高度依赖于这些平台。创作者为了获取获利机会，往往需要将内容所有权交予平台，而平台则利用这些所有权来最大化自身利益，这就引发了诸如收入分配不均、内容管理权缺失以及恶性竞争等问题。这种以平台为中心、由平台主导收益分配的模式并未完全实现创作者经济的初衷。

随着 Web 3.0 时代的到来，NFT 为数字创作的权益流通和价值发现提供了新的路径。NFT 通过归还数字内容的所有权给创作者，降低了内容创作平台的抽成比例，提高了创作者的地位。同时，版税模式对传统版权模式进行了颠覆，构建了全新的利益分配机制，使创作者能更容易地从自己的数字劳动和创作中获益。这激发了创作者内容生产的积极性，推动了内容创作体制的革新，并建立了全新的创作者经济模式。

Web 3.0 为元宇宙提供了技术基础和经济支撑，而创作者经济更是构建元宇宙产业链的核心要素。目前，业界普遍认为，元宇宙描绘了一个虚实结合、身临其境的数字空间，人们可以在其中创建虚拟分身、拥有数字身份，进行活动、社交、创作并获取收益。在前端，元宇宙主要依赖于虚拟现实技术实现沉浸式交互的虚拟社会形态；而在后端，则依然遵循 Web 3.0 的基础网络架构和协议体系。展望未来，元宇宙将由普通人主导构建，用户既是应用服务的使用者，也是其建设者和维护者，能够在元宇宙中自定义数字内容和服务。

3.4.3 数据运营成本价值模型

1. 现有数据运营模型的不足

在数据理论研究中，DIKW 金字塔模型已成为行业内的广泛共识。该模型认为，数据通过组合转化为信息，经过加工形成知识，并最终转化为智慧。依托这一模型，数据运营的核心在于实现数据向知识和智慧的转化过程。

针对数据资产属性，国内外已经发展出多种评估模型，其中包括 IBM 的数据治理能力成熟度模型（图 3-5）、CMMI 的数据管理成熟度模型（Data Management Maturity，DMM）、EDM 的数据管理能力成熟度模型（Data Management Capability Assessment Model，DCAM），以及我国的数据管理能力成熟度评估模型（Data Management Capability Maturity Model，DCMM）等。这些模型围绕数据生命周期与组织数据战略，通过制定一系列标准和准则，对数据运营进行规范化管理。

DIKW 金字塔模型和 DCMM 框架模型大体反映了人们对数据的认识，从不同模型看数据运营，其侧重点存在差异。

2. 数据运营的成本价值模型

按照成本收益分析，数据运营是付出运营成本获取运营价值的过程。运营成本包含数据的获取、处理、加工、应用等成本。运营价值通过数据实现企业内外部提质增效，使成本降低、收入增加。从数据运营成本和数据运营价值两个维度切分，可把数据运营分为四个象限，如图 3-6 所示。

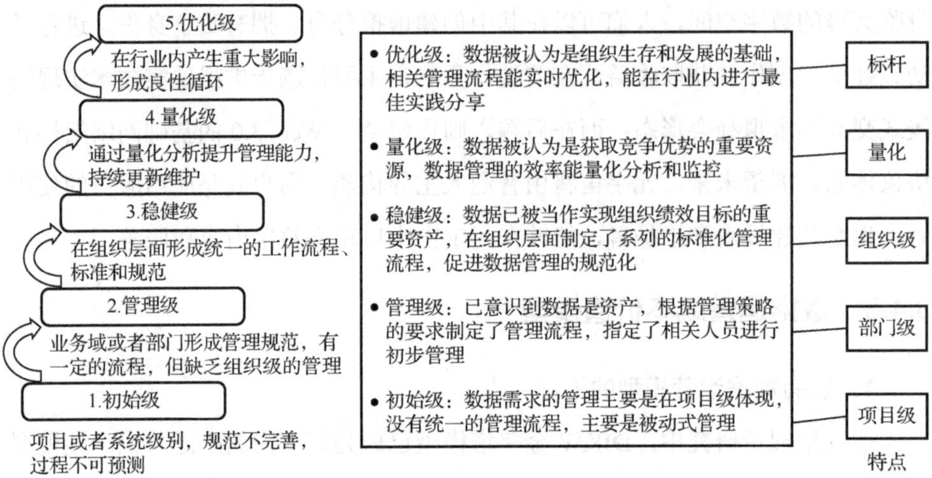

图 3-5　IBM 的数据治理能力成熟度模型

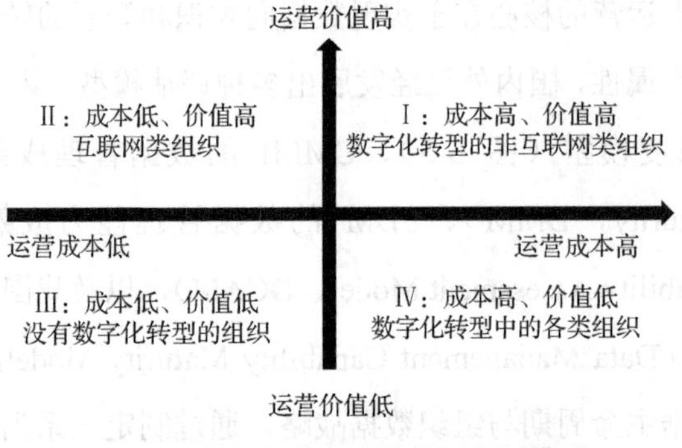

图 3-6　数据运营成本价值四象限模型

第一象限数据运营成本高、价值高。例如，实现数字化转型的非互联网类组织——工业企业通过数字化转型，以跨产业链的数据互通，实现组织间高效协同。

第二象限数据运营成本低、价值高。例如，互联网类组织——业务以数据运营实现低边际成本扩展。

第三象限数据运营成本低、价值低。例如，未实现数字化转型的各类组织——对数据运营重视不够，对相关成本、价值均不涉及。

第四象限数据运营成本高、价值低。例如，数字化转型中的各类组织——数据价值未被发现，对应制度和机制在磨合中，未达到价值预期。

3.4.4 数据资产的全生命周期管理

数据资产指的是企业与组织拥有或控制，且能为其带来经济利益的数据资源。虽然企业的数据可能转化为资产，但并非所有数据均具备资产属性。数据资产的核心要素包括以下几个方面：①被企业或组织所拥有和控制；②具备货币计量的能力；③能为企业带来经济利益。数据资产化不仅为从资产视角进行数据管理提供了可能，还有助于全方位、多角度地管理数据，明确数据的安全级别、落实资产责任管理，是实现数据价值转化的重要前提。数据资产化涵盖了数据资产的梳理盘点和价值评估过程。数据的价值因其相关性而异，而相关性则因数据使用者而异。对于某一人群而言无价值的数据，可能对另一人群极具价值；在某一时间段内无价值的数据，可能在另一时间段内变得极具价值。

数据资产管理架构如图 3-7 所示，包括 6 个部分。

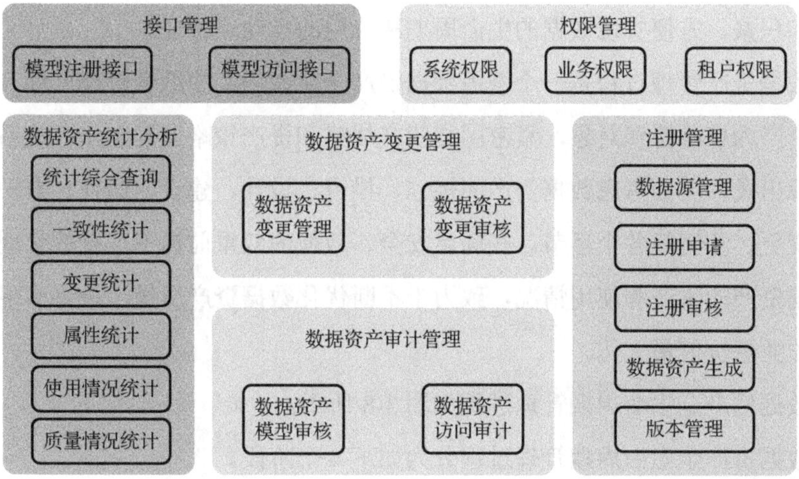

图 3-7 数据资产管理架构图

（1）接口管理：与元数据管理模块、数据质量管理模块、数据安全管理模块对接，收集相关模块的基础数据，用于完成数据资产的注册、核查及安全管理等工作。

（2）注册管理：管理数据资产的注册，并提供审核及版本控制等功能。

（3）数据资产变更管理：支持已注册数据资产信息的变更维护，并进行相关审核。

（4）数据资产审计管理：支持对数据资产的盘点，以及对数据资产访问记录的审计。

（5）权限管理：对接数据安全管理模块，设置系统、业务和用户对数据资产访问的相关权限。

（6）数据资产统计分析：支持对数据资产的属性、变更、质量、访问情况等信息的统计分析，依据这些信息还可以对数据资产进行综合评估。

定义清晰明确的数据资产信息，能有效支撑公司内部知识系统和资源管理的建设，为业务人员提供更快捷、更有序、更便利的使用数据资产的方式和途径，支撑数据分析、开发、运维的自治。数据资产化后，能实现成果和经验的共享和积累，方便实现数据的生命周期和应用的自动化管理。

数据资产管理过程是一个覆盖数据资产全生命周期的综合管理过程。它以数据资产为核心管理对象，紧密围绕资产战略和资产策略展开工作。从系统整体目标出发，全面考虑数据资产的规划、投资、设计、建设、运行、维护、核查、变更、注销等各个环节。在满足安全、效能的双重前提下，有效管理与监控数据资产的生产和使用情况，致力于不断优化数据资产质量，最终实现数据资产的业务价值最大化。

数据资产全生命周期管理过程如图 3-8 所示。

数据资产全生命周期管理过程分为如下 4 个阶段。

（1）战略规划：按照业务需要和业务发展要求，建立数据资产的总体规划。制定帮助所有的数据资产供应者以及消费者运营和发展的服务战略。该阶段主要包含了制定数据资产战略规划和制定数据资产策略计划等关键任务和活动。

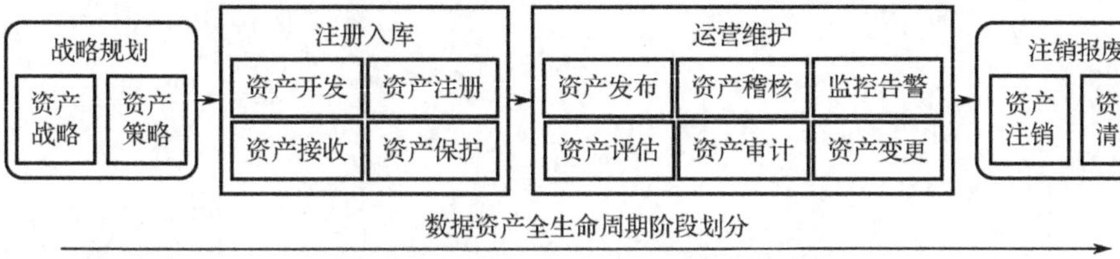

图 3-8 数据资产全生命周期管理过程

（2）注册入库：按照战略规划和策略计划进行数据资产的设计、建设和交付。针对需求进行分析设计、根据战略阶段的要求与规范、定义数据资产的结构等，是数据资产管理中的重要组成。该阶段主要包含了设计和开发数据资产、数据资产注册、入库及数据资产保护等关键任务和活动。

（3）运营维护：对数据资产的有效使用进行管控，确保数据资产健康运营。运营维护包含数据资产发布、资产稽核、监控告警、资产评估、资产审计、资产变更等方面。这些方面具体体现为：提供数据资产给授权的用户使用；对数据资产进行盘点，监控数据资产的使用情况，对数据资产访问记录进行审计；对数据资产从规划到运营阶段的情况进行全方位、多维度的统计分析，对数据资产内容标准化、合规性的稽核评价，根据评估结果有目的地对数据资产进行改进和完善。

（4）注销报废：该阶段主要是对无效和失效的数据资产进行清理，主要包括数据资产注销和报废清除等任务和活动。在注销报废阶段，对已失效的数据资产，由管理者注销，并由运维者销毁数据资产对象。

在数据资产全生命周期中还必须建立完整的信息安全管理措施和技术方案，加强数据信息安全管控。

第4章 数据治理理论

4.1 数据治理的相关概念

数据治理是在对数据资产化、数据确权与合规、数据价值创造与共享，以及隐私保护的认识、研究和实践不断深化的过程中逐步形成的。在此过程中，数据逐渐成为企业的核心资产，企业有必要建立完善的数据字典，以便有效地管理和保护日益增长的数据资源。同时，为了持续提升数据质量，还需要建立数据持续改进机制。数据的价值和风险应得到妥善管理，以支持企业管理的简化、业务流的集成、运营效率的提升及经营结果的真实反映。此外，数据的准确性是科学决策的基础，而数据架构和标准的统一则是实现全流程高效运作和语言一致性的关键。

目前，企业在数据管理方面面临诸多问题，如缺乏统一的数据标准、业务系统间数据共享困难、关键核心数据无法识别和跨系统无法打通等。为解决这些问题并实现数据价值的最大化，企业需要构建一套完善的数据治理框架体系，以奠定坚实的数据基础，有效管理企业数据资产。

数据治理方法论是对企业数据管理经验的精华总结，它汇集了产业界数据治理的最佳实践。数据治理的目标在于帮助企业不断完善数据管理体系，打通主业务流的信息链和数据流，提升数据质量，实现数据的“清洁”，进而提升企业的运营效率和经营结果的真实性。此外，数据治理还有助于实现企业数据驱动的有效增长，夯实数据资产价值。

在构建数据治理体系时，数据治理框架、组织架构以及度量评估体系是不可或缺的重要组成部分。本书将重点阐述数据治理方法论和数据架构设计，并对数据供应池和数据缓冲池进行量层定位。通过科学的数据治理，企业可以更加有效地管理和利用数据资源，从而提升竞争力和创新能力。

4.1.1 数据与数据管理的定义

数据指的是一系列具有特定意义的数字、字母、符号以及模拟量等元素的统称，它们是构建信息系统的基础。数据管理的概念起源于 20 世纪 80 年代，随着数据随机存储技术和数据库技术的广泛应用，计算机系统中的数据可以更加便捷地存储和访问，从而催生了数据管理的需求。

2015 年，国际数据管理协会在其《DAMA 数据管理知识体系指南》中，详细阐述了 11 个管理职能，具体包括数据治理、数据架构、数据建模与设计、数据安全、数据存储与操作、数据集成与互操作、文件和内容管理、参考数据和主数据管理、数据仓库和商务智能、元数据管理以及数据质量管理。这些职能共同构成了数据管理的全貌。

数据管理，是对数据资源进行采集、控制以及价值提升的一系列活动的总称。其核心在于规划、控制和提供数据和信息资产职能，涵盖开发、执行和监督与数据相关的计划、政策、方案、项目、流程、方法和程序，旨在获取、控制、保护、交付并提升数据和信息资产的价值。

4.1.2 数据治理的概念

1. 数据治理的定义

到目前为止，不同研究机构对数据治理还没有形成一个统一的定义。

ISO/IEC 对数据治理的定义：数据治理是关于数据采集、存储、利用、分发、销毁过程的活动的集合。

GB/T 34960.5—2018 对数据治理的定义：数据治理就是数据资源及其应用过程中相关管控活动、绩效和风险管理的集合。

国际数据管理协会（DAMA）对数据治理的定义：数据治理是指对数据资产管理行使权力和控制的活动集合（规划、监督和执行）。

国际数据治理研究所（DGI）对数据治理的定义：数据治理是一个通过一系列信息相关的过程来实现决策权和职责分工的系统，这个过程按照达成共识的模型来执行，该模型描述了谁能根据什么信息在什么时间和情况下用什么方法采取什么行动。

2. 狭义的数据治理

狭义的数据治理指数据资源及其应用过程中相关管控活动、绩效和风险管理的集合，保证数据资产的高质量、安全及持续改进。狭义的数据治理的驱动力最早源自两个方面：①内部风险管理的需要，风险包括数据质量差进而影响关键决策等；②外部监管和合规的需要，例如巴塞尔协议体系。

随着全球数字经济的快速发展，政府和企业已经认识到数据资产的重要性和价值，因此，数据治理除满足监管和风险管理外，如何通过数据治理来创建业务价值也备受关注。

3. 广义的数据治理

广义的数据治理包括数据管理和数据价值“变现”，具体包含数据架构、主数据、数据指标、时序数据、数据质量、数据安全等一系列数据管理活动的集合。

后面章节中提到的数据治理的概念都是指广义的数据治理。

4.2 数据治理的战略

数据治理的战略（以下简称“数据战略”）作为企业精细化数据管理的重要基石，其实施与否直接关系到企业数据质量的提升以及数据价值的实现。为了确保企业数字化转型的顺利推进，必须将数据战略作为首要任务来落实。数据战略不仅是整个数据治理体系的核心，更是企业在开展数据治理工作前必须深思熟虑的关键因素。这一战略应由数据治理组织中的决策层负责制定，旨在明确数据治理的方向和策略，包括相关方针和政策的制定。

战略的核心在于根据选择和决策的结果，构建一个高层次的行动方案，以实现设定的目标。在这个背景下，可以将数据战略视为一个数据管理计划，旨在提高数据质量，确保数据的完整性、安全性和可用性。此外，数据战略还代表了企业数据资产管理的总体目标和发展蓝图，为企业各阶段的数据治理和运营工作提供了明确的指导方向。

4.2.1 数据治理的框架体系

数据治理对于任何企业来说都是一项综合性、复杂度较高、系统化的大工程，需要充分调动企业相关资源，形成全面、有效的管控体系，才能确保数据治理各项工作在企业内有序推进。

数据治理的框架体系自上而下分为战略、机制、专题和实现，如图 4-1 所示。

（1）战略包括愿景与规划、目标与原则。

（2）机制包括数据治理组织架构和制度建设。由于数据治理工作的重要性和复杂性，应该自上而下地形成专业化且能各司其职的团队，并在企业内部形成畅通的沟通、协调、合作机制。由于数据治理工作是跨部门、跨专业的，组织架构的设置可以是虚拟的，但执行力必须统一高效，才能为数据治理各项工作的落实夯实基础。制度建设包括企业数据治理各项职能活动的相关管理办法、实施细则、参考规范和模板文档等指导性文件。

（3）专题主要指数据管理各个领域的内容，主要包括数据架构、数据模型、数据标准、数据质量、元数据管理、数据安全和分类分级、主数据和参考数据管理、数据生命周期、数据需求和数据应用。

（4）实现主要针对数据治理的相关平台工具，包括数据管控平台、需求管理平台、数据建模工具等。

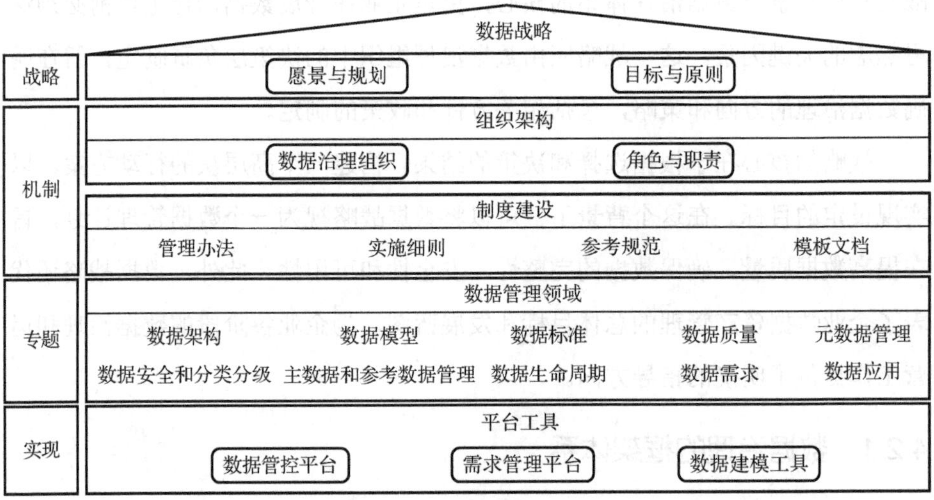

图 4-1　数据治理的框架体系

4.2.2　数据治理的领域

数据治理的领域主要包括数据管理体系和数据价值体系。数据管理体系主要围绕数据架构、数据标准、数据质量、数据安全、元数据管理和数据生命周期等，开展数据管理体系的治理主要体现为以下方面。

（1）评估数据管理的现状和能力，分析和评估数据管理的成熟度。

（2）指导数据管理体系治理方案的实施，满足数据战略和管理要求。

（3）监督数据管理的绩效和符合性，并持续改进和优化。

数据价值体系围绕数据流通、数据服务和数据洞察等，开展数据资产运营和应用的治理，主要体现为以下方面。

（1）评估数据资产的运营和应用能力，支撑数据价值转化和实现。

（2）指导数据价值体系治理方案的实施，满足数据资产的运营和应用要求。

（3）监督数据价值实现的绩效和符合性，并持续改进和优化。

4.3 数据治理的有关标准

数据治理的标准是实现数据标准化、规范化的前提，是保证数据质量的必要条件。

4.3.1 数据治理标准的分类

数据治理的标准一般分为元数据标准、主数据标准、交易数据标准、数据指标标准、数据分类标准、数据编码标准、数据集成标准等。

4.3.2 国家标准

1. 数据管理能力成熟度评估模型

数据管理能力成熟度评估模型（Data Management Capability Maturity Model，DCMM）是在工信部、国家标准化管理委员会的指导下，由全国信息技术标准化技术委员会大数据标准工作组组织编写的国家标准，也是我国首个数据管理领域的国家标准。DCMM 借鉴了国内外数据管理的相关理论思想，并结合我国大数据行业的发展趋势和现状，创造性地提出了符合我国企业的数据管理框架。该框架将组织数据管理能力划分为 8 个能力域：数据战略、数据治理、数据架构、数据标准、数据质量、数据安全、数据应用和数据生命周期。

DCMM 新增了数据生命周期管理功能域，最大的进步就是考虑了原始数据转化为可用于行动的知识的整个过程，包括数据需求、数据设计与开发、数据运维直至数据退役。只有让数据治理工作贯穿数据的整个生命周期，才能彻底将数据治理到位。

DCMM 的优点在于它不只是理论和知识体系，而是可以直接应用的。为了推进 DCMM 国家标准的落地实施，指导相关组织提升数据管理能力，全国信息技术标准化技术委员会大数据标准工作组在全国范围内组织开展了数据管理能力成熟度评估试点示范工作，涵盖金融、能源、互联网和工业等多个行业领域。

DCMM 的缺点也很突出：通过数据管理能力成熟度评估模型只能了解组织数据管理现状，包括已取得的成果和不足，但是并不提供能力提升的方法，还需要数据管理专家给出提升建议、方法论和实施路线图。

2．GB/T 34960.5—2018 数据治理规范

GB/T 34960.5—2018《信息技术服务　治理　第 5 部分：数据治理规范》（以下简称《数据治理规范》）是我国信息技术服务标准（ITSS）体系中的服务管控领域标准，该标准根据 GB/T 34960.1—2017《信息技术服务　治理　第 1 部分：通用要求》中的治理理念，在数据治理领域进行了细化，提出了数据治理的总则、框架，明确了数据治理的顶层设计、数据治理环境、数据治理域及数据治理的过程，可对组织数据治理现状进行评估，指导组织建立数据治理体系，并监督其运行和优化。

《数据治理规范》将数据治理划分为顶层设计、数据治理环境、数据治理域和数据治理过程四大部分。

顶层设计包括制定数据战略规划、建立组织机构和机制、建立数据架构等，是数据治理实施的基础。

数据治理环境包括分析业务、市场和利益相关方需求，适应内外部环境变化，营造企业内部数据治理文化，评估自身数据治理能力及驱动因素等，是数

据治理实施的保障。

数据治理域包括数据管理体系和数据价值体系，是数据治理实施的对象。

数据治理过程包括统筹和规划、构建和运行、监控和评价、改进和优化，是数据治理实施的方法。

《数据治理规范》开创性地把数据价值实现作为数据治理的核心目标，并通过数据价值体系明确了数据价值实现的方式，帮助企业实现数据驱动业务的战略转型。

4.3.3 专业组织

1. 国际数据管理协会

成立于 1988 年的国际数据管理协会（Data Management Association International，DAMA）是一个非营利性组织，致力于推广信息和数据管理的概念和实践。DAMA 在全球设立了 40 多个分会，拥有 7500 余名会员，在数据管理领域中累积了丰富的知识和经验，是全球公认的数据管理权威组织之一。其先后出版了《DAMA 数据管理字典》和《DAMA 数据管理知识体系指南》（简称 DAMA-DMBOK）的第 1 版和第 2 版，该指南集业界数百位专家的经验于一体，是数据管理业界最佳实践的结晶，已被公认为从事数据管理工作的经典参考和指南，在全球范围内广受好评。

DAMA 的数据管理理论框架的核心是数据治理，通过 10 个数据治理的职能域建立一个能够满足企业需求的数据决策体系，为数据管理提供指导和监督。其优点在于充分考虑了功能与环境要素对数据本身的影响，但考虑到数据资产化成为企业的核心竞争力，这 10 个职能域尚不能全面覆盖数据资产管理的业务职能。

2. 数据资产管理实践白皮书

为了推进国家大数据战略的实施，中国信息通信研究院携手一批知名企业，共同策划并编制了《数据资产管理实践白皮书（5.0 版）》。这份白皮书紧密围绕

DAMA-DMBOK 框架内确立的数据管理理论体系，有针对性地填补了数据资产管理在特定功能上的空白。同时，白皮书充分吸纳了数据资产管理在不同行业中的实际运用经验，系统性地梳理出数据资产管理的八大管理职能与五大保障措施。

管理职能主要指的是在数据资产管理过程中必须执行的一系列具体行动。而保障措施则是为了支持和强化这些管理职能所建立的辅助性组织架构和制度体系。

值得注意的是，尽管 DAMA 的数据管理理论框架中并未将数据标准视为核心的数据管理功能，但《数据资产管理实践白皮书（5.0 版）》却将其置于至关重要的位置，这充分体现了“标准先行”的管理哲学。此外，白皮书还新增了数据价值管理和数据共享管理两项重要内容。

数据价值管理，旨在对数据所蕴含的内在价值进行量化评估，这包括数据的成本及其在应用中所能产生的价值。而数据共享管理，则主要关注如何有效地进行数据的共享与交换，以实现数据的内外部价值，包括数据的内部共享（例如企业内部不同组织和部门间的数据交换）、外部流通（例如企业与企业之间的数据交换）以及对外开放等方面。

4.3.4　数据治理差异

从目前来看，国内外相关机构都形成了自己的数据治理体系，表 4-1 是对主流的数据治理体系的构成要素、治理特点、优势和劣势等的综合分析。

表 4-1　主流数据治理体系的综合分析

分类体系	体系名称	构成要素	治理特点	优势	劣势
国际标准	ISO 8000 数据质量的国际标准	主要包括规范和数据质量活动、数据质量原则、数据质量术语、数据质量特征（标准）和数据质量测试	基于国际协议；对数据特征的定义和衡量；其数据质量得到世界各地专家的认可；适用于领域中的主数据、交易数据和产品数据	在数字供应链方面能够发挥重要作用，在整个产品或服务的周期内高质量地交换、共享和存储	重点在关注质量

续表

分类体系	体系名称	构成要素	治理特点	优势	劣势
国际标准	ISO 38500 IT 治理国际标准	包括 IT 治理的目标、原则和模型。5 项基本原则是指职责、策略、采购、绩效合规和人员行为。在模型方面，认为企业的领导者应该重点关注 3 项核心任务：①评估现在和将来的 IT 利用情况；②对治理准备和实施的方针和计划做出指导；③建立“评估—领导—监督”循环模型	第一个 IT 治理的 ISO 标准； 从以往的 PDCA 等生命周期的概念，直接过渡到 Direct Evaluate Monitor 模型（DEM 模型）	确保所有 IT 风险和活动都有明确的责任分配，尤其是分配和监控 IT 安全责任、策略和行为，以便采取适当的措施和机制，对当前和计划的 IT 建立报告和相应机制	聚焦于更广层次的 IT 治理，针对于数据治理的方面并不多。 对于 IT 外包的情况不适用； 提供了一些好的治理特征和流程，但还需要 COBIT、ITIL 等其他标准或框架补充
国内标准	DCMM 数据管理能力成熟度模型	定义了 8 个能力域：数据战略、数据治理、数据架构、数据标准、数据质量、数据安全、数据应用和数据生命周期管理	可以清楚地定义数据的能力水平并以模型为标准确定组织内数据改进方向	量化评估企业数据管理能力水平； 指明企业数据管理能力缺陷； 通用性较高	只提出了数据管理应该具备什么能力，但是并未指明应该怎么做，落地效果不明显
	GB/T 34960.5—2018《信息技术服务 治理 第 5 部分：数据治理规范》	包含顶层设计、数据治理环境、数据治理域和数据治理过程四大部分。数据治理域是数据治理的对象，包括数据管理体系和数据价值体系两个部分。 其中数据管理体系包含数据标准、数据质量、数据安全、元数据管理和数据生命周期；数据价值体系涵盖数据流通、数据服务和数据洞察	通过正文和附录相结合的方式，解决了国际数据治理标准不易落地的问题	增加了数据价值体系，提出了面向数据价值实现的治理目标； 对治理体系的实施路径提出了要求，解决了治理与管理脱节的问题	高屋建瓴地指出了数据治理体系应该包含的内容和落地实施的路径，但是缺乏具体实施办法，在具体工作开展中仍需要大量细化的工作

续表

分类体系	体系名称	构成要素	治理特点	优势	劣势
专业组织	DAMA 数据管理知识体系	总结了数据治理、数据架构、数据建模和设计、数据存储和操作、数据安全、数据整合和互操作、文档和内容管理、参考数据和主数据管理、数据仓库和商务智能、元数据管理、数据质量管理 11 个职能领域，以及目标和原则、活动、主要交付物、角色和责任、技术、实践和方法、组织和文化 7 大环境要素，并建立了 11 个职能领域和 7 大环境要素之间的对应关系	以数据管理为主导，数据管理的核心是数据治理，解决了数据治理各项功能与环境要素的匹配问题	充分考虑到功能与环境要素对数据本身的影响，并建立了对应的关系	11 个职能领域全面建设，复杂度较高； 全面实施企业级数据治理，可落地性难度较高； 11 个职能领域尚不能满足未来数据治理，尤其是数据资产管理的需求
	《数据资产管理实践白皮书（5.0 版）》	包括数据标准、数据模型、元数据管理、数据安全、数据质量管理等 8 个方面	针对数据资产管理，引入了数据资产价值管理和运营等内容，并囊括了数据资产管理过程中的一些管理工具	偏重数据资产管理方面的国家标准； 实践案例丰富，可参考价值较高	偏重行业实践案例研究与风险分析，理论指导性稍弱。提出的时间较短，实践案例还很少

第 5 章 数据管理

随着数字中国建设的推进，各行业的数据资源采集能力不断提升，促进了数据积累的速度和规模；数据作为数字经济时代的核心生产要素，在推动产业升级和千行百业的数字化转型过程中发挥着不可替代的作用，已然成为产业高质量发展和行业数字化转型的基础。加快数据要素流转交易，激发数据资产价值转化，已经成为数字中国建设的关键引擎。

5.1 数据仓库与商务智能

数据仓库也是一种数据库，因此传统数据库的原理，如数据独立性、数据安全性和完整性、并发控制技术等都是数据仓库原理的一部分。本节主要介绍数据仓库本身的特征、数据仓库模型、数据仓库设计、数据仓库建设方法论和数据仓库管理相关技术等。

5.1.1 数据仓库的定义

关于数据仓库的标准定义业内认可度比较高的，是由“数据仓库之父”比尔•恩门（Bill Inmon）在 1991 年出版的《建立数据仓库》一书中所提出的：数据仓库是一个面向主题的、集成的、相对稳定的、反映历史变化的数据集合，用于支持管理决策。

根据 Bill Inmon 给出的定义，数据仓库是一个面向主题的、集成的、时变的和非易失的数据集合，支持管理部门的决策过程。根据此定义，数据仓库具有以下 4 个主要特征：①面向主题。数据仓库围绕一些主题如客户、供应商、产品和销售来组织。数据仓库关注决策者的数据建模与分析，而不是组织机构的日常操作和事务处理。②集成。构建数据仓库通常是将多个异构数据源，如关系数据库、一般文件和联机事务记录集成在一起。使用数据清理和数据集成技术确保命名约定、编码结构及属性度量等的一致性。③时变。数据存储从历史的角度（例如过去 5～10 年）提供信息。数据仓库的关键结构都隐式或显式地包含时间元素。④非易失。数据仓库总是物理地分别存放数据，这些数据源于操作环境下的应用数据，由于这种分离，数据仓库不需要事务处理、恢复和并发控制机制。总之，数据仓库是语义上一致的数据存储，它充当用于决策支持的数据模型的物理实现，并存放企业战略决策所需要的信息。数据仓库也常常被看作一种体系结构，通过将异构数据源中的数据集成在一起而构造，支持查询、分析报告和决策制定。

5.1.2 数据仓库的分层设计

1. ODS 层数据模型设计

ODS 层中的数据全部来自于业务数据库，ODS 层的模型应包含归集结构化数据和非结构化数据模型。该层的结构化数据的模型设计无须建立逻辑模型，只需按源系统库表结构建立物理模型。该层的非结构化数据文件，需要按数据来源组织好目录规划。表或字段与业务数据库中的表格一一对应，就是将业务数据库中的表格在数据仓库的底层重新建立一次，数据与结构完全一致。由于业务数据库（OLTP）基本按照 ER 实体模型建模，因此 ODS 层中的建模方式也是 ER 实体模型。

2. DWD 层数据模型设计

DWD 层要做的就是将数据清理、整合、规范化，垃圾数据、规范不一致的数据、状态定义不一致的数据、命名不规范的数据都会被处理。DWD 层应该是覆盖所有系统的、完整的、干净的、具有一致性的数据层。在 DWD 层会根据维度模型，设计事实表和维度表，也就是说 DWD 层是一个非常规范的、高质量的、可信的数据明细层。

3. DWM 层数据模型设计

DWM 层为中间数据层，属于专题库，自中间数据层以上采用 Kimball 维度建模方法，是数据仓库工程领域最流行的数据仓库建模经典。维度建模以分析决策的需求出发构建模型，构建的数据模型为分析需求服务，因此它重点解决用户如何更快速地完成分析需求，同时还有较好的大规模复杂查询的响应性能。维度建模主要包含事实表与维度表两大基本要素，事实表与维度表在数据仓库中常以“星型模型”体现。

4. DWS 层数据模型设计

DWS 层为公共汇总层，会进行轻度汇总，粒度比明细数据稍粗，数据服务层采用 Kimball 维度建模方法。

数据服务层基于中间数据层进一步数据汇总，一般满足视图类与指标统计类需求，模型设计以核心业务实体为主要设计目标，如人、车、卡、签、企、账户、订单，为其提供统一视图（画像）或多维分析。基于 DWD 层上的基础数据，整合汇总成分析某一个主题域的服务数据，一般是宽表。DWS 层应覆盖 80%的应用场景。

统一视图（画像）类模型设计，如载具统一视图，围绕载具设计其基本属性、标签、关联信息等。

5. DM 层数据模型设计

DM 层数据模型设计按照数据集市层、专题应用层做规划设计。在 DM 层完成报表或者指标的统计。DM 层已经不包含明细数据，是粗粒度的汇总数据。DM 层是针对某一个业务领域建立模型，具体用户（一般为决策层）查看 DM 层生成的报表。

离线场景下，集市层数据模型由中间数据层或数据服务层进行数据同步，数据模型结构同数据源，仅个别数据类型做相应映射转换。

实时场景下，数据集市层、专题应用层的模型设计参考离线 DWM、DWS 层数据模型设计输出。同时离线和实时模型的名称要独立区分，命名要符合命名规范。

画像类应用采用单独专题的方式处理，建立单独的专题库，其他专题涉及对画像数据应用的，通过专题应用间接口调用的方式获取。

6. DIM 层数据模型设计

DIM 层为公共维度层，是基于维度建模理念，依据主题库主题域抽取出来的一个跨领域的基础维度数据层，建立企业一致性数据分析维度表。

数据仓库建立的一致性维度按照主题库 8 大主题域进行命名，可应用于整个数据仓库，包含主题库、专题库，如果是某专题为满足自身应用需求建立的维度表，维度表按其专题关键字命名，此类维度表其他专题应用不可使用。

专题库按照维度建模的方式做数据建模，维度链接查询通过匹配 DIM 层的维度表方式做维度匹配。各个专题需要的通用宽表数据可以通过 DIM 层统一地加工处理。

5.1.3 数据交换

数据抽取、转换和加载（Extract-Transform-Load，ETL）是基于 SQL 数据库复制批量数据的技术，底层是数据库的 SQL 技术，其在数据仓库项目、数据分析项目中被大量使用，应用场景主要是从业务系统的数据库到企业数据仓库。它也是一个批量的流式数据加工工具，用于对数据在转移过程中进行加载、清洗、转换、合并、拆分、补项等操作，以得到更加精确的数据，便于后续进行建模分析。

ETL 数据交换技术的特点：只依赖于数据库底层技术，必须对两端的数据库表有精确的认识。如果业务系统未开放数据库权限，或者对原系统的数据库没有完整的数据库表定义信息，则不能解析数据，从而不能转换、交换数据。

5.2 数据架构

数据架构是企业架构（Enterprise Architecture，EA）的组成部分。John Zachman（企业架构理论的先行者）认为企业架构是构成组织的所有关键元素和关系的综合描述，而企业架构框架（EAF）是一个描述企业架构方法的蓝图。目前，国际上影响力比较大的企业架构框架有 Zachman 框架、DoDAF 框架、FEAF 框架、TOGAF 框架等。一个完整的企业架构通常被划分为应用架构、业务架构、技术架构和数据架构。业务架构是描述企业各业务之间相互作用的关系结构和贯彻企业业务战略的基本业务运作模式。数据架构是将企业业务实体抽象为信息对象，将企业的业务运作模式抽象为信息对象的属性和方法，建立面向对象的企业数据模型，数据架构实现从业务模式向数据模型的转变，业务需求向信息功能的映射，企业基础数据向企业信息的抽象。应用架构以数据架构为基础，建立支撑企业业务运行的各个业务系统，通过应用系统的集成运行，实现企业信息自动化流转。

5.2.1 数据架构概述

根据美国电气与电子工程师协会标准 IEEE/ANSI 1471-2000 和国际化标准

组织 ISO/IEC/IEEE 42101：2011 的定义，架构是某些事物的基本组织，体现在其组成部分、它们彼此的关系、它们和环境的关系，以及它们的设计原则和演进记录。所以数据架构的基本组织/架构元素是：数据组件、数据组件之间的关系、数据组件和环境的关系，以及数据组件的设计原则和演进记录。

5.2.2 数据架构设计

1. 数据架构设计原则

数据架构从功能模块来看，可划分为数据标准（数据标准字典、数据流程规范）、数据模型（数据主题域、概念模型、主数据体系、模型选择）、数据管理体系（管理规范及流程、质量控制、元数据管理、调度管理、日志监控）；从业务需求来看，主要要求有灵活性、简易性、安全性、连续性、成本及时效等。数据架构设计从技术上看需要遵从以下几项共性的原则。

（1）数据对象统一。良好的顶层设计是保证数据质量的关键，数据对象统一可以避免大量的不一致、不完整、不精确的劣质数据的产生。

（2）数据和应用分离。这一原则可以说在数据库发展之初就被不断提及，数据应当是独立存储和管理的，应当尽可能降低数据和应用之间的耦合度。

（3）数据异构。大数据时代，很难保证企业或组织只需要处理单一类型的数据，因此，在设计数据架构时，必须在设计的开始阶段就将数据的异构性考虑在内。

（4）数据读/写分离。数据读/写分离有助于提高系统访问性能。

（5）完备的数据安全机制。管理良好的数据是企业或组织的宝贵财富。但数据安全不容忽视，在设计架构时，应当逐层、逐模块地建立合理完备的安全预警和应对机制。

（6）注重实时性。高效的数据架构应该可以随时向决策者传输和分析数据。同时需要考虑历史数据的实时访问和流数据的实时处理，支持高速的数据移动。

（7）制定主数据管理机制。随着企业或组织的发展和变革，主数据管理会面临越来越大的挑战，并能够将各个“信息孤岛”上的重要数据集中起来并保证数据的一致性。

（8）把数据作为服务。“数据即服务”也就是在数据管理平台的基础服务层之上设置数据服务层，为企业或组织提供数据处理、数据交换和数据流通服务或 API 功能接口服务。

2. 数据架构的组成部分

数据架构是企业统一的数据语言，是业务流打通、消除信息孤岛和提升业务流集成效率的关键要素。数据架构包含数据资产目录、数据标准、数据模型和数据分布管理四个组件，如图 5-1 所示。

通过梳理业务流程中的业务对象，理清数据资产；基于业务需求构建集团公司统一的数据概念模型和逻辑模型，指导 IT 开发；基于数据资产目录，制定基于属性的数据标准；梳理信息链、数据流向以及数据源，识别数据的“来龙去脉”，定位数据问题。

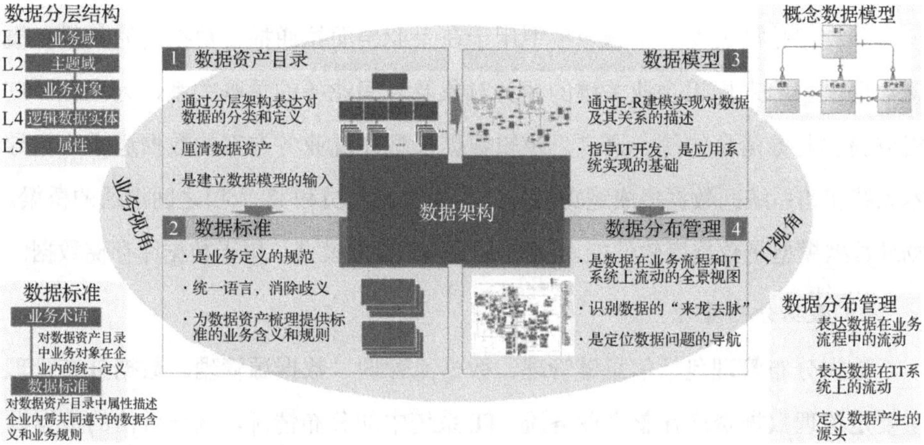

图 5-1 数据架构图

1）数据资产目录

数据资产目录分为 5 个层次，分别是 L1（业务域）、L2（主题域）、L3（业务对象)、L4（逻辑数据实体)、L5（属性)。其中 L1～L2 体现数据资产的两级分类，用于识别数据主体，厘清数据资产管理责任。

L3 是数据治理的核心，通过业务对象划分业务领域的数据分布、保持跨领域信息的一致性，面向业务对象建立核心数据的治理机制。L4～L5 体现业务对象的性质和特征集合，用于指导 IT 系统逻辑建模与物理建模。

2）数据标准

数据标准就是要统一语言、消除歧义，提高沟通效率，具体包括业务术语和业务数据标准。流程、IT 系统界面共同引用统一的业务术语，以方便业务人员之间交流、IT 系统之间信息的集成，提高沟通效率。

数据标准用于描述公司层面需共同遵守的属性层数据含义和业务规则。通过对数据标准内容的规范化管理，可以有效解决新建系统缺少数据标准支撑的问题，避免出现数据定义不清、统计口径不一致、技术标准不统一等问题。

3）数据模型

企业数据模型分 4 个层次，分别是主题域模型、概念数据模型、逻辑数据模型和物理数据模型。主题域模型用于在企业层面拉通描述数据间的关系。概念数据模型用来标识企业关键的业务对象及之间业务的关联关系，为流程、IT 集成提供业务信息的统一语言。逻辑数据模型体现业务方案的数据逻辑，指导本系统和跨系统间数据集成逻辑设计，作为数据人员和 IT 人员之间沟通的桥梁。物理数据模型是数据库软件能识别的实现层的数据模型，用于数据库存储数据。

4）数据分布管理

数据分布管理包括信息链管理、数据流管理、数据源管理。数据分布管理主要是梳理数据资产在整个业务流、IT 系统中的分布情况，认证可信的数据源头，辅助 IT 系统集成、血缘分析、数据问题定位等工作。

（1）信息链管理有助于业务部门在开发流程的过程中识别数据断点，打通数据孤岛。

（2）数据流管理有助于业务部门、信息管理部门查看数据流向全局情况、定位数据质量管控和分析重点信息系统。

（3）数据源管理可帮助 IT 系统建设从可信数据源获取所需的数据，提升数据集成效率，有助于解决“数据孤岛”“多源头录入”等问题。

5.2.3 数据架构设计规范

1. 基本术语定义

1）实体（Entity）

现实世界中的对象，一个具有相同属性或特征的现实和抽象事物的集合，可以具体到人、事、物。这个集合的一个元素就是这个实体的一个实例。如“张三”是“雇员”实体的一个实例，或者是“顾客”实体的一个实例。

2）独立实体（Independent Entity）

全称为“独立标识符实体”（Identifier Independent Entity）。该类实体的每个实例可唯一标识，而不依赖于该实体与其他实体的联系。

3）从属实体（Dependent Entity）

全称为“从属标识符实体”（Identifier Dependent Entity）。该类实体的每个实例的唯一标识依赖于该实体与其他实体的联系，或以一个完全外来键（或称外来码）为实体主键的全部或部分。

4）属性（Attribute）

指一类现实或抽象的事物的一种特征或性质。属性用来描述实体，是组成实体的数据定义、格式和值域，如采购订单编号、会员名称、客户电话等。其实例要由“特征型”（Type）和“值”（Value）来定义。实体的每一个相关属性都必须具有一个单一且确定的值。

5）键属性（Key Attribute）

可唯一标识数据实体实例（Instance）和数据库表组元的属性，如用户编号可标识不同用户。每个实体一般都有“主键”（Primary Key）属性，也可能有外键（Foreign Key）属性。

主键又称为主码或主关键字。一个实体必须具有一个属性或属性组，其值唯一地确定该实体的每一个实例，这个属性或属性组就构成该实体的主键。如果有几个不同的属性或属性组可以唯一地确定该实体的每一个实例，则选定其中之一为主键，其他称为“次键”（Alternate Key），或称次码、次关键字。

如果两个实体之间存在确定性联系或分类联系，则构成父实体或一般实体的主键的属性将被子实体或分类实体所继承，称为“外来键”或“外键”，它是一种继承属性，可以是主键的全部或部分，可以是次键，也可以是非键属性。

2. 数据关联关系

1）联系（Relationship）

实体和实体之间的一种逻辑关系，可通过连线（Connection）表示。联系可帮助标识主键和外键。

联系可分为确定性联系（Specific Compaction Relationship）和非确定联系（Non-specific Relationship）。

2）确定性联系（Specific Compaction Relationship）

或称“父子联系”或“依存联系”，其父实体的每个实例都与子实体的 0 个、1 个或多个实例相连接，子实体的每个实例精确地同父实体的 1 个实例相连接。它又可分为标定联系（Identifying Relationship）与非标定联系（Non-identifying Relationship）。

3）标定联系（Identifying Relationship）

联系中的子实体的每个实例都是由它与父实体的联系确定的，或者说用以唯一确定子实体的主键是部分地由父实体继承而来。

4）非标定联系（Non-identifying Relationship）

联系中的子实体的每个实例都能被唯一地确认而无须了解与之相联系的父

实体的实例，或者说用以唯一确定子实体的主键不是从父实体继承来的。

5）分类联系（Categorization Relationship）

一个具有某种属性或特征的一般实体（Generic Entity）在某种意义上或更细致的特征上是其他一些实体的类，则此两者之间的联系称为分类联系。同一个一般实体的分类实体总是互不相容的，也就是说，一般实体的一个实例只能与一个分类实体的一个实例相对应，其中，一般实体的每一个实例都可以是某个分类实体的实例，称为“完全分类联系”；如果存在一个一般实体的一个实例不与任何分类实体的任一实例相关联，则称为“不完全分类联系”。

6）非确定联系（Non-specific Relationship）

也称为“多对多联系”，即关联两实体之间的任一实体的一个实例都对应另一个实体的 0 个、1 个或多个实例。在 IDEF1x 中，非确定联系可以通过路径断言改为确定性联系。

3. 范式理论

构造数据库必须遵循一定的规则，用来规范实体中属性之间的依赖和分解关系。在关系数据库中，这种规则就是范式。范式是符合某一种级别的关系模式的集合。关系数据库中的关系必须满足一定的要求，即满足不同的范式。关系数据库有六种范式：第一范式（1NF）、第二范式（2NF）、第三范式（3NF）、巴斯范式（BCNF）、第四范式（4NF）和第五范式（5NF）。满足最低要求的范式是第一范式（1NF）。在第一范式的基础上进一步满足更多要求的称为第二范式（2NF），其余范式以此类推。一般来说，数据库只需满足第三范式（3NF）就行了，符合第三范式可保证数据的完整性和一致性，这是数据质量的最低要求。

（1）第一范式（1NF）：强调属性的原子性，即属性不能够再被分解成其他属性。

如表 5-1 所示，这里“奖金项目金额”和“扣款项目金额”都是复合数据项，这类项目是经常变动的。许多程序员采取横向列出奖金和扣款项目的办法建立数据库，如表 5-2 所示。

表 5-1　工资单表结构 1

工号	姓名	基本工资	奖金项目金额	扣款项目金额	实发金额

表 5-2　工资单表结构 2

<table>
<tr><th rowspan="2">工号</th><th rowspan="2">姓名</th><th rowspan="2">基本工资</th><th colspan="3">奖金项目金额</th><th colspan="2">扣款项目金额</th><th rowspan="2">实发金额</th></tr>
<tr><th>出勤</th><th>优质</th><th>建议</th><th>违规</th><th>劣质</th></tr>
</table>

按这样的数据结构编写工资程序，每当奖金项目和扣款项目有增减变化时，都需要改变数据库设计，同时要改变工资程序。如果多留出一些奖金项目和扣款项目，会造成“横向冗余”，而且程序质量也不会有根本性的改变。

为消除复合数据项可重新组织成以下几个表（*表示该表的主码或主键字段）。

① 职工编号－姓名对照表，如表 5-3 所示。

表 5-3　职工编号—姓名对照表

*职工编号	姓名

② 收入代码－收入名称对照表，如表 5-4 所示。

表 5-4　收入代码—收入名称对照表

*收入代码	收入名称

③ 扣除代码－扣除名称对照表，如表 5-5 所示。

表 5-5　扣除代码—扣除名称对照表

*扣除代码	扣除名称

④ 收入登记表，如表 5-6 所示。

表 5-6　收入登记表

*职工编号	*收入代码	收入金额

⑤ 扣除登记表，如表 5-7 所示。

表 5-7 扣除登记表

*编号	*扣除代码	扣除金额

（2）第二范式（2NF）：实体/表必须有一个主键，非主键属性必须完全依赖于主键，而不能只是部分依赖。

如表 5-8 所示，这个数据结构的问题是：把“部门编号”和“职工编号”作为主键，“职工类别号”和“职工工资额”这两个数据项仅依赖于“职工编号”，只是主键的一部分，而不是主键的全部；“部门负责人”仅依赖于“部门编号”，也只是主键的一部分，而不是主键的全部。理论和实践都证明了这种数据结构会有多种异常，会把数据存储搞乱。

表 5-8 职工登记表

*部门编号	*职工编号	职工类别号	职工工资额	部门负责人

为消除所有的“不完全依赖”，重新组织成如下的三个表，就导出了第二范式，如表 5-9、表 5-10、表 5-11 所示。

表 5-9 部门表

*部门编号	部门负责人

表 5-10 部门与职工关联表

*部门编号	*职工编号

表 5-11 职工表

*职工编号	职工类别号	职工工资额

（3）第三范式（3NF）：所有的非主键属性必须能直接依赖于主键，而其他属性间不能存在传递依赖关系。

如表 5-12 所示，这个数据结构的问题是存在“传递依赖”。“社会保险号”依赖于“职工编号”，而“职工姓名”又依赖于“社会保险号”，这是一种不好的数据结构。

表 5-12　职工社会保险登记表

*职工编号	性别	出生日期	社会保险号	职工姓名

消除“传递依赖”重新组织成如下的两个表就导出了第三范式，如表 5-13、表 5-14 所示。

表 5-13　职工与社会保险关联表

*职工编号	社会保险号

表 5-14　职工表

*职工编号	职工姓名	性别	出生日期

（4）BCNF：又称巴斯范式或鲍依斯—科得范式，是由 Boyce 和 Codd 提出的，被认为是“修正的第三范式”，消除主键属性对于码的部分函数依赖和传递依赖。BCNF 需要符合第三范式。

（5）第四范式（4NF）：非主键属性不存在非平凡和非函数依赖的多值依赖。也就是说，当一个表中的非主键属性互相独立时（3NF），这些非主键属性不应该有多值，若有多值就违反了第四范式。

（6）第五范式（5NF）：是最终范式，在满足第四范式的前提下，消除第四范式的连接依赖，处理好相互依赖的多值情况。

5.2.4　数据资源目录

1. 数据资源目录的概念

数据资源目录是依据规范的元数据描述，站在企业全局视角对企业所拥有的全部数据资源按照一定的分类方法进行排序和编码的一组信息，用以描述各个信息资源的特征，以便企业对数据资源进行发现、识别、定位、管理、共享，从而达到对数据的浏览、查询、获取等目的。

建立数据资源目录，能够让企业准确浏览企业内所记录或拥有的线上、线下原始数据资源（如电子文档索引、数据库表、电子文件、电子表格、纸质文档等）。

数据资源目录是实现组织内部数据资产管理、业务协同、数据共享、数据服务，以及组织外部数据开放、数据服务的基础和依据。

1）数据资源目录的元数据

数据资源目录的元数据描述可以从业务、技术、管理这3个角度进行规范，包括核心元数据和扩展元数据。其中，核心元数据一般包括以下内容。

（1）数据资源分类：可以依据组织的业务需求和应用需求自行划分数据资源的分类。

（2）数据资源名称：描述数据资源内容的标题。

（3）数据资源代码：数据资源唯一且不变的标识代码。

（4）数据资源提供方：提供数据资源的部门。

（5）数据资源提供方代码：提供数据资源的部门的代码。

（6）数据资源摘要：对数据资源内容或关键字段的概要描述。

（7）数据资源格式：对数据资源存在方式的描述，如电子文件、电子表格、数据库、图形图像、流媒体、自描述格式等。

（8）数据项信息：对结构化数据资源的细化描述，包括数据项名称、数据类型、数据项共享类型、数据项开发类型等。

（9）共享属性：对数据资源共享属性的描述，包括共享类型、共享条件、共享方式等。

（10）开放属性：对数据资源是否面向组织外部开放及开放条件的描述。

（11）更新周期：数据资源更新的频度，可以分为实时、每日、每周、每月、每季度、每年等。

（12）发布日期：数据资源提供方发布数据资源的日期。

（13）关联资源代码：数据资源在目录中重复出现时的关联性标注。

2）数据资源目录的分类编码

数据资源目录的分类是根据数据资源内容的属性或特征，将数据资源目录按照一定的原则和方法进行区分和归类，并建立起一定的分类体系和排列顺序。企业侧通常按照业务分类、部门分类、应用需求分类等方式进行分类编码；政务侧通常按照基础分类、主题分类、部门分类等方式进行分类编码。

数据资源目录分类表需要涵盖组织业务的基本情况、与业务相关的数据资源情况、业务与数据资源的联系等。数据资源目录分类表如表 5-15 所示。其中，数据资源标识符为识别数据资源的唯一标识码，与数据资源表进行关联。

表 5-15 数据资源目录分类表

序号	细目分类名称	细目分类代码	细目分类层级	上级细目代码	数据资源标识符	数据资源名称	数据资源摘要	所属系统名称

数据资源表是对数据资源的具体描述和细化，需要涵盖数据资源的组成、管理、使用方法等。数据资源表如表 5-16 所示。其中，数据资源标识符用于与数据资源目录分类表进行关联。

表 5-16 数据资源表

数据资源标识符	数据资源名称	数据资源更新日期	信息项标识符	信息项名称	信息项定义说明	信息项数据类型	共享类型	共享方式	开放类型	安全分类分级	备注

2. 数据资源目录梳理

数据资源目录的梳理，需要通过以下几个步骤。

（1）定义模板：组织可以根据预先规范、定义的数据资源目录的元数据、数据项元数据等，形成数据资源目录模板，如表 5-17 所示。

表 5-17 数据资源目录模板

信息资源分类	信息资源名称	信息资源代码	信息资源提供方	信息资源提供方代码	信息资源摘要	信息资源格式	信息项信息		共享属性			开放属性		数据资源更新日期	数据资源发布日期	关联资源代码	来源系统	应用场景	数据更新周期	数据资源联系人	数据资源目录版本	备注
							信息项名称	数据类型	共享类型	共享条件	共享方式	是否向社会开放	开放条件									

所包含的数据项

序号	数据项名称	数据格式	共享类型	共享条件	是否开放	开放条件	数据类型	敏感级别	备注

（2）填写并发布目录：组织依据已梳理的业务和数据资料，填写数据资源目录的元数据信息及各数据项信息（包括数据资源的基础属性、共享属性、开放属性、安全属性，各数据项的共享属性、开放属性、安全属性等）。在目录填写完毕后进行目录上报，经审核通过后发布数据资源目录。

（3）目录资源挂接：组织将已发布的数据资源目录与数据资源进行挂接，以便查找、定位所需的各类数据资源。

（4）动态管理：对数据资源目录进行维护、更新、管理和使用。

需要注意的是，在梳理数据资源目录时，将盘点好的数据资源汇总成数据资源目录的同时，也要从数据资源内容层面进行梳理，将数据资源根据业务进行分类汇总和融合。

3. 数据资源目录管理

数据资源目录管理是数据架构管理的基础，一般可分为资源层级设置和目录结构维护。数据资源目录是以组织的全局视角对全部的数据资源进行分类，以便对数据资源进行管理、识别、定位、发现和共享的一种分类组织方法。

数据资源目录管理能够支持后续因业务调整、目录优化而进行单条或整体迁移目录结构的功能，支持管理人员通过流程进行数据资源目录的扩充和变更，支持数据资源目录快速定位，通过模糊或条件搜索定位到资源目录节点，支持在数据资源目录中标记多维标签，并可按照多维标签切换分层展示，按照数据资源类型进行分类汇总展示，为跨域关联实体提供禁止或开启在目录中展现的功能。一般来说，数据资源目录分为业务目录和技术目录。

数据资源目录要从业务视角出发，通过梳理业务需求和业务流程，建立起主题域、业务实体或业务活动。从数据需求的角度出发，可以促进数据共享和交换，帮助解决数据定位问题，协助开展数据分析，推动数据整合，实现数据资源可视化，展现数据资源（实体与属性）在组织的不同视角下（系统维度、主题域维度、业务板块维度）的全景分析视图。

数据资产目录形成完善的企业数据资产地图，也在一定程度上为企业数据治理、业务变革提供了指引。基于数据资产目录可以识别数据管理责任，解决数据问题争议，帮助企业更好地对业务变革进行规划设计，避免重复建设。

数据资源目录包含业务术语表关联、标签管理、数据分类、数据来源和全文检索。通过最大限度的自动化和有限的人工操作，可以从构建的数据资产目录中获得更多价值。例如，利用人工智能算法实现数据自动分类和打标签。

数据资源目录为组织的全局数据目录提供统一管理，通过建立数据资源多级分类，定义和识别所属领域的数据资源内容信息，实现各业务主题域的资源导图。其主要包括以下功能。

（1）分类层级管理。从组织整体角度划分数据资源，分类建立数据资源分级，形成一套单位级数据资源结构树。资源分类层级管理应包含数据资源层级设置、数据资源目录结构维护、数据资源目录快速定位、数据资源目录批量导入导出和数据资源目录分发等功能。

（2）标签管理。可以自定义多维度的标签管理，并建立维度标签与数据资源分类的映射关系，通过查看维度标签的方式展现不同维度下的数据资源内容。

（3）个性主题导航。按照业务要求，以最贴近用户使用习惯的方式进行搜索、展示符合数据访问权限范围的数据资源信息。支持根据用户角色的不同，按图形化、多视角的方式展现主题全貌。提供多维标签内容过滤、数据资源目录标题名称与描述的中英文切换。可通过固话用户查询条件等方式形成个性化的主题数据资源目录。数据资源目录可导航直达数据模型、数据质量、数据标准等各类信息资源，支持查看不同层次的细节信息。

（4）实体匹配识别。将存在于大量业务流程和统建项目系统中零散的、不同层级结构的信息，利用信息集中整理、数据匹配辅助、名称合并等手段，识别出数据实体，并将数据实体与数据资源目录相关联。根据数据资源目录的构建方法，构建数据主题域，识别数据实体，建立实体与物理表关系、实体流转关系、实体与业务流程关系、实体与组织模型关系。

（5）实体属性。描述所属业务对象的性质和特征，反映信息管理最小粒度。

5.2.5 数据资产目录

1．数据资产目录的概念

数据资产一般是指由组织采集、使用、产生、管理的文字、数字、符号、图片和音视频等，是具有经济价值和社会价值，权属明晰、可量化、可控制、可共享的数据资源。数据资产是经过数据治理后形成的有价值的数据资源，是数据资源的重要组成部分。

数据资产目录是依据规范的元数据描述形式，它按照一定的分类方法对数据资产进行排序和编码的一组信息，用以描述各个数据资产的特征，以便于对数据资产进行检索、定位、获取和使用。

2．数据资产目录设计

数据资产目录规划是在数据资源目录的基础上形成的，通过识别对企业有业务价值、决策价值、应用价值等经济或社会价值的数据资源目录，形成数据资产目录初始清单，之后对识别出的数据资产目录初始清单中的原始数据资源进行数据标准化处理、数据安全分类分级、数据质量提升、数据认责等数据治理工作，最后按照一定的信息逻辑、业务逻辑建模，对识别出的数据资产目录初始清单进行更新或重组而形成的。数据资产目录源于业务、标准统一，具有经济价值和社会价值。

数据资产目录设计包括 6 个重要的阶段，即准备阶段、目录识别阶段、数据治理阶段、目录审核和发布阶段、资源挂接阶段、目录管理和维护阶段。

1）准备阶段

对数据资产目录的背景、环境、价值点进行分析，明确要支撑的业务场景、决策场景、应用场景等，确定组织的数据资产目录的建设目标，形成数据资产目录总体纲要。

2）目录识别阶段

依据数据资产目录总体纲要，初步识别数据资源目录中有价值的内容，形成数据资产目录初始清单。

3）数据治理阶段

对识别出的数据资产目录初始清单中的原始数据资源进行数据治理（包括数据标准化处理、数据安全分类分级、数据质量提升、数据认责等操作），按照一定的信息逻辑、业务逻辑建模，编制形成标准统一、符合业务、具有经济和社会价值的待审核发布的数据资产目录。

4）目录审核和发布阶段

由相关业务和技术专家对形成的数据资产目录进行审核，审核通过后进行发布。

5）资源挂接阶段

将已发布的数据资产目录与数据项进行挂接。

6）目录管理和维护阶段

对已发布的数据资产目录进行动态更新管理，并进行定期维护。

下面通过政务信息资源目录案例说明其基本梳理流程。

3. 政务信息资源目录基本梳理流程

政务信息资源目录基本梳理流程包括：梳理准备工作、规范目录元数据和目录模板、明确梳理范围、开展数据分级梳理、目录编制与报送、目录汇总与管理、目录更新。

1）梳理准备工作

（1）组织准备：各责任部门应明确政务信息资源目录编制工作的领导机构和工作机制，负责政务信息资源目录的组织规划、编目审查、目录报送等工作。各责任部门还应明确政务信息资源目录的组织实施机构。

（2）目录规划：各责任部门按照国家相关文件的要求，结合本部门确定的政务职权、工作依据、行使主体、运行流程、对应责任等，在梳理本部门权责清单的基础上，梳理本部门的政务信息资源，重点从政务信息资源的“类”“项”“目”“细目”分类的角度，规划本部门政务信息资源目录。

（3）资源调查：依据政务信息资源目录规划，各责任部门组织开展信息资源调查工作，梳理部门、所属机构或共同参与单位的信息资源，并结合已建信息系统中的信息资源，细化完善目录规划，全面掌握政务信息资源的情况。

2）规范目录元数据和目录模板

政务信息资源目录模板实例如表 5-18 所示。其中：

（1）基础信息资源目录的名称需要做到精准、规范，数据要素要完整，不得有空白项，该项业务所产生的所有结构化数据均需要被纳入到目录中。

（2）信息资源的共享和开放属性需要具体、明确，对于有条件共享和开放的，原则上需要明确范围和场景。

（3）对服务要求需要进一步明确数据更新周期、服务能力等。

表 5-18　政务信息资源目录模板

信息资源分类	信息资源名称	信息资源代码	信息资源提供方	信息资源提供方代码	信息资源摘要	所属领域	信息资源格式		共享属性			开放属性		是否包含电子证照	数据资源发布日期	应用场景	来源系统	业务更新周期	数据更新周期	数据资源联系人	数据资源目录版本	备注
							数据格式分类	数据格式类型	共享类型	共享条件	共享方式	是否向社会开放	开放条件									
基础信息资源目录	企业登记基本信息	××××××××××	××省（市）交通局	××××××××××	企业营业执照信息	智能交通	数据库	Oracle	无条件共享	无	数据平台	是	无	是	2001年12月20日	企业登记	企业登记管理系统	实时	每天		1	无

所包含信息项

序号	数据项名称	数据格式	共享类型	共享条件	是否开放	开放条件	数据长度	敏感级别	备注
1	统一社会信用代码	字符型	无条件共享	无	是	无	20	1级	

续表

序号	数据项名称	数据格式	共享类型	共享条件	是否开放	开放条件	数据长度	敏感级别	备注
2	企业名称	字符型	无条件共享	无	是	无	50	1级	
…	…	…	…	…	…	…	…	…	…

3）明确梳理范围

政务信息资源目录的梳理范围一般包括信息系统支持的结构化数据、部门（单位）主要职责内的数据、被存储在国家部委平台但能够导出或实现上级返还的数据、已经实现共享或开放的结构化数据。

4）开展数据分级梳理

在明确政务信息资源目录模板、梳理范围后，各责任部门应开展数据的分级梳理工作。数据分级梳理的原则通常是"以数权为主，兼顾事权"，例如数据在省级部门（包括数据在省级部门但事权在市县级部门的情况）一律纳入省级梳理范围，各市级业务部门不需要重复梳理。

5）目录编制与报送

（1）政务信息资源目录编制：各责任部门依据政务信息资源目录规划、政务信息资源整体情况、目录模板、目录梳理范围、分级梳理情况等，以及根据政务信息资源目录的元数据要求，编制生成基础类、主题类和部门类的政务信息资源目录。

（2）政务信息资源目录报送：各责任部门对基础类、主题类和部门类的政务信息资源目录进行复核、审查后，及时报送本级政务信息资源共享主管部门。各责任部门应同时完成政务信息资源目录在目录管理系统中的在线填报，做好相关数据的对接，保障国家数据共享平台按照政务信息资源目录可以顺利调取相关的信息资源。

6）目录汇总与管理

（1）政务信息资源目录的审核与汇总：在审核各责任部门提交的政务信息

资源目录后，需要将其整合形成基础类、主题类和部门类的国家政务信息资源目录。

（2）政务信息资源目录的管理与维护：国家数据共享交换平台管理单位负责建设完善国家数据共享交换平台的目录管理系统，为各责任部门接入国家数据共享交换平台提供技术支持，承担国家政务信息资源目录的注册登记、发布查询、维护更新等日常管理工作。

7）目录更新

各责任部门需要对本部门发布的政务信息资源目录进行及时更新与维护。

4. 数据资产管理可视化

一体化大数据平台构建数据资产管理体系，通过数据资产管理可将数据规范管理和数据处理有机融合，实现对具体资源数据的元数据描述，支持利用标准化数据接口以及形式丰富的图表展示工具快速定制各类数据资产应用，通过配合数据资产的全面评估，逐步实现数据资产的规范管理。

基于元数据全方位画像的数据资产管理，实现了数据全生命周期的管理与监控、全流程记录的追本溯源、全景式的资产可视化，提供数据资产全场景视图，以满足不同用户的应用场景需求，这些用户既有全景规划的管理者，也有关注细节定义的使用者，还有加工、运维的开发者，为他们提供多层次的图形化展示，以满足应用场景的图形查询和辅助分析。

数据资产管理可视化实现“逻辑统一、物理分散”的数据管理方式，对进入数据资源池的数据进行分类和维度属性的标注，使数据能够做到追踪溯源，便于使用和统计分析。数据资产目录所管理的元数据属性包括以下 9 类。

（1）基本属性，描述数据的基本属性和区别的标志，如标识、格式、大小、单位、分类（性质、领域、业务层次）、代码。

（2）维度属性，描述数据从属的基本维度，作为统计分析和其他利用的基础，如空间、时间、数据所属的业务领域。

（3）位置属性，描述数据存储的环境和位置信息，如存储的物理环境（能够定位数据位置的全部信息）。

（4）生产属性，描述数据的产生过程及相关信息，如来源（单位、系统）、产生/采集时间、来源类型（融合/原始）。

（5）版本属性，描述数据更新和变化过程，如各版本、更新频率、更新日志、更新者、更新时间。

（6）安全属性，描述数据存储、管理及服务的安全信息，如安全级别、开放等级、服务范围。

（7）利用属性，描述记录服务、记录属性的信息，如利用用户、利用方式（推送、订阅、热点、场景、检索）、应用场景。

（8）关系属性，可以建立及记录数据之间的关系，并以当前数据为基准，建立多层次数据图谱。

（9）价值属性，建立具有行业特色的数据价值模型，定义并不断更新数据的价值和利用频率。

数据资产管理可视化提供全景式、多维度、动态的数据资源展示、定位与获取服务。

5.2.6 数据模型

根据数据模型建模理论和通用的数据模型框架，数据模型在层级上可被划分为主题域模型、概念模型、逻辑模型和物理模型 4 个层次，如表 5-19 所示。

表 5-19 企业数据模型层级定义

模型层级	定义	关键内容
主题域模型	包含了组织的业务过程中所涉及的业务主题域及其关系，用于组织范围内高层次的数据规划和设计	数据主题； 主题间的关系

续表

模型层级	定　义	关键内容
概念模型	针对主题域模型中的每个主题，对主题范围内的关键业务概念对象及其关系的抽象	主要数据实体； 主要数据实体间的关系
逻辑模型	是对概念模型的进一步分解和细化，通常遵循数据模型设计“第五范式”分解业务概念对象并补充其属性，形成逻辑数据实体与属性	根据模型设计范式细化的数据实体； 数据实体的属性； 数据实体间的详细关系
物理模型	逻辑模型在信息系统中具体落地的实例，包含模型在考虑到数据冗余与数据库性能之间的平衡的调整，也包含模型在数据库产品、索引等具体实现的相关因素	根据数据库、产品、性能、索引等因素设计的数据实体，对应数据库的表； 数据实体的属性，对应数据库的字段； 数据属性的类型、长度； 数据实体间的详细关系

1．主题域模型（Conceptual Data Model）

数据模型的最上层是主题域模型。主题域模型是一系列主题域的列表，表达了组织中最关键的业务领域。数据模型通过主题域模型来组织其余的模型层级。

数据仓库是面向主题的应用，其主要功能是，将数据综合、归类并进行分析和利用。通常，数据仓库模型设计除需要横向划分层次外，还需要根据业务情况纵向划分主题域。主题域是对业务对象高度概括的概念层次归类，以便于管理和应用数据。

1）主题域划分方法

主题是在较高层次上将企业信息系统中的数据进行综合、归类和分析利用的一个抽象概念，每一个主题基本上都对应一个宏观的分析领域。

常见的主题域划分方法有按系统划分、按部门划分、按业务过程划分及按主题域划分，如图 5-2 所示。

企业可以结合实际的业务场景来划分主题域，只要能有序地把数据管控起来，同时又能高效地辅助数据分析，实现业务价值就可以。

2）主题域划分原则

主题域的划分是基于业务对业务对象进行的多层级分组与归类。其层级至少为 2 级（一级主题域和二级主题域），原则上深度不超过 6 级。主题域划分的主要原则包括内容完整性、名称规范性、划分维度的统一性和不可交叉性。

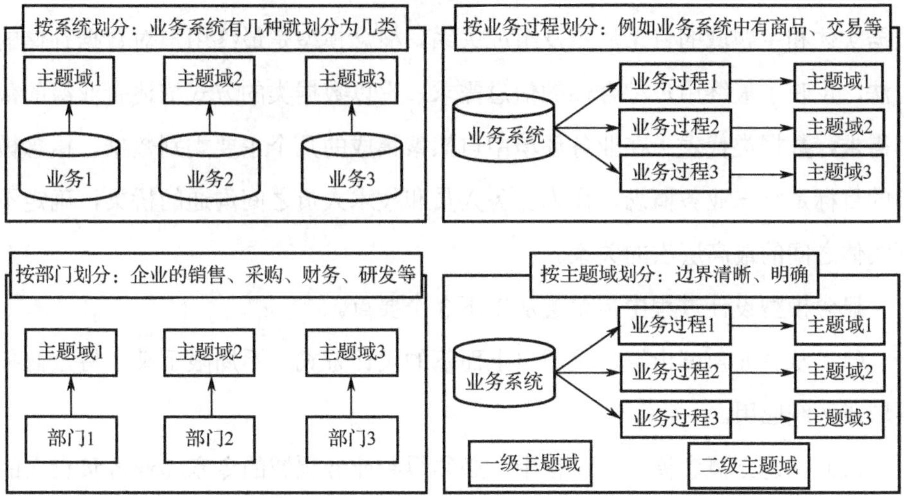

图 5-2　常见的主题域划分方法

（1）内容完整性。

每级主题域需要覆盖其父主题域的全部内容，一级主题域全部由核心业务推导得出。

（2）名称规范性。

主题域的名称采用公司业务定义的标准业务术语定义语言。

（3）划分维度的统一性。

非同一级主题域的划分维度是统一的，即父主题域下的子主题域都必须按照同一个维度来划分。

（4）不可交叉性。

两个或多个主题域的内容在原则上不能出现交叉，主题域之间的边界应清晰、明确。

2. 概念数据模型（Conceptual Data Model）

简称概念模型，主要用来描述世界的概念化结构。高阶的概念模型可以是数据实体和主题域的目录清单及组成关系。概念模型是最终用户对数据存储的看法，反映了最终用户综合性的信息需求，它以数据类的方式描述企业级的数据需求，数据类代表了在业务环境中自然聚集成的几个主要类别数据。概念模型的目标是统一业务概念，作为业务人员和技术人员之间沟通的桥梁，确定不同实体之间的最高层次的关系。

概念模型设计过程中需要遵从以下 3 个要点。

（1）从企业角度出发，采用自上而下的设计方式，不局限于某个特定业务领域或系统应用。

（2）在建立概念模型的过程中，必须得到业务领域的专家和业务负责人的指导，并由业务用户提供建立模型的应用需求。

（3）在概念模型完成初步设计后，需要通过公司业务部门和领域专家组织讨论通过。如果发现概念重叠、冲突或其他问题都需要记录下来，概念模型的设计需要经过多轮迭代。

在数据治理过程中，基于数据资源目录的主题域划分，以及数据实体与库表映射关系，设计需要采用业界通用模型、业务流程，在信息系统的数据模型中提取、识别关键实体，并对关键实体进行分类，识别关键实体间的关系，然后形成各主题域下的概念模型。

3. 逻辑数据模型（Logical Data Model）

简称逻辑模型，这是用户从数据库所看到的模型，是具体的 DBMS 所支持的数据模型，如网状数据模型（Network Data Model）、层次数据模型（Hierarchical Data Model）等。此模型既要面向用户，又要面向系统，主要用于数据库管理系统（DBMS）的实现。逻辑模型的内容包括所有的实体和关系，确定每个实体的属性，定义每个实体的主键，指定实体的外键，需要进行范式化处理。逻辑模型的目标是尽可能详细地描述数据，但并不考虑数据在物理上如何实现。逻辑模型建模不仅会影响数据库设计的方向，还间接影响最终数据库的性能和管理。逻辑模型的设计具体分为以下 5 个阶段。

1）第 0 阶段：设计的开始

此阶段可以看作具体设计的准备阶段，主要工作内容和工作成果如下。

（1）模型建设目标：确定模型设计的目标范围，要分清属于已有系统当前（AS-IS）模型还是未来系统待建（TO-BE）模型。明确建设任务和设计顺序，按照数据资源目录定义实体、定义联系、定义键属性、定义非键属性、进行模型评估和模型优化与验收。

（2）组建团队：包括项目负责人、建模开发者、信息资源提供者、专家及评审委员会。

（3）收集源材料：可能包括调研报告、系统设计文档、过程建模文件、原系统信息资源目录等。

（4）采用作者约定：授权建模开发者在模型开发中命名约定、画法约定等的自由权限。

2）第 1 阶段：定义实体

此阶段的目标是标识和定义项目范围中的实体，分以下两个步骤。

（1）标识实体：实体表示的事物可能是一个物体、一种物质、一个事件、一种状态、一种行为、一种思想、一个概念、一个点或一个地方等。实体所表示的集合的成员有共同的属性集。

（2）定义实体：从实体定义集（实体名、实体定义和实体同义词）中选择实体名。

3）第 2 阶段：定义联系

本阶段的目标是标识和定义实体之间的基本联系，其中有些联系可能是非确定性的，需要在以后的阶段中改进。该阶段的主要结果是构建联系矩阵、联系定义和实体级图。

（1）标识相关实体：联系可以被简单地定义为两个实体之间的一种关联或连接。首先是通过存在的依赖性联系（父—子）定义实体间相互的联系，即父实体和子实体的一种联系。其中父实体的每个实例与 0 个、1 个或 N 个子实体的实例相联系，而子实体的每个实例精确地与一个父实体的实例相联系，也就是说子实体依赖于父实体而存在。其次，如果父实体和子实体表示同一客观世界的实体，那么父实体是一个一般实体，子实体是一个分类实体；每个分类实体实例总有一个一般实体，一般实体的每个实例可以有 0 个或 1 个分类实体实例。

（2）定义联系：定义已标识的联系，其中包括标识依赖、联系名和关于联系的说明。定义过程中要区分确定性联系和非确定联系，决定基数，然后用动词或动词短语给联系命名，有时副词和介词也可以作为联系名。实体之间的联系可以是一对一、一对多或多对多。

（3）构造实体级图：此阶段所有实体用方框表示，并允许存在非确定联系。实体级图的范围和数目可根据需要而定，如有可能，用单个图描绘全部实体和它们之间的联系，这有助于明确实体的上下文和确保模型的一致性。

实体级图须服从下列准则。

① 主题实体总是放在页的中心位置。

② 父实体或一般实体应放在主题实体上方。

③ 子实体和分类实体应放在主题实体下方。

④ 确定性联系常放在主题实体框的侧面。

⑤ 联系线从主题实体框连向有关的实体。

⑥ 每个联系线都标注有联系名，对于非确定联系则用“/”来分隔两个标注。

4）第 3 阶段：定义键

本阶段重点在解决键的问题，为每个实体定义键属性，迁移主键以建立外来键，以及确定性联系的键。

（1）分解不确定联系：首先要保证所有的不确定联系都转化或变换为确定性联系或分类联系，如图 5-3 所示。

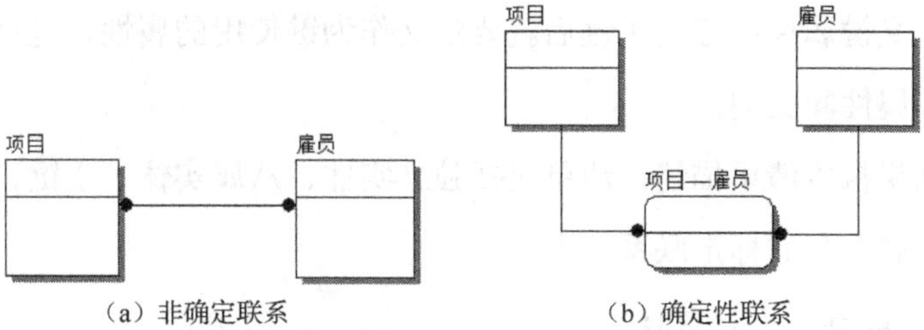

图 5-3　非确定联系到确定性联系的转化或变换

（2）描述功能视图。

（3）标识键属性：实体用一些属性来进行描述，每个属性由一个名字和一个值组成。某些属性可用来唯一地标识一个具体的实体实例，称为键属性。一个或多个键属性组成一个实体的候选键。一个候选键定义为一个或多个键属性，这些键属性唯一标识实体的每个实例。如果一个实体有两个或两个以上的候选键，则选取一个在键迁移时使用的候选键作为主键，放在实体框内的水平线之上；另一些键作为次键，放在框内水平线之下。

（4）键迁移：键迁移是把一个实体的主键复制到其他有关实体中的过程，此时复制键称为外来键。键迁移有以下 3 条规则。

① 在一个联系中迁移是从父实体或一般实体移向子实体或分类实体。

② 对实体所共享的每个联系来说，整个主键（即主键所包含的全部属性，可能是一个也可能是多个）必须一次迁移。

③ 不能迁移次键和非键属性。

（5）确认键和联系：完成键迁移和标识的基本规则如下。

① 不再使用非确定联系。

② 键从父（或一般）实体移向子（或分类）实体是强制的。

③ 对于一个给定的实体实例禁止使用多值属性（不重复规则）。

④ 在一个实体实例中禁止使用具有空值的属性（非空规则）。

⑤ 有复合键的实体不能划分成具有更简单键的多个实体（最小键规则）。

⑥ 两个实体间如有双联系路径，则需要断言。

（6）定义键属性：标定了键后就要定义作为键使用的属性，包括属性名、属性定义和属性同义词。

（7）结果报告清单描述：清单包括独立实体、从属实体、主键、次键、外来键、标定联系和非标定联系等内容。

5）第 4 阶段：定义属性

这个阶段是模型开发的最后阶段，其主要完成以下工作内容。

（1）开发属性池。

（2）建立属性的所有者关系。

（3）定义非键属性。

（4）确认并改进数据结构（模型要符合关系理论的第五范式）。

4. 物理数据模型（Physical Data Model）

简称物理模型，是面向计算机物理表示的模型，描述了数据在存储介质上的组织结构，它不但与具体的 DBMS 有关，而且还与操作系统和硬件有关。每一种逻辑模型在实现时都有其对应的物理模型。DBMS 为了保证其独立性与可移植性，大部分物理模型的实现工作由系统自动完成，而设计者只设计索引、聚集等特殊结构。物理结构图显示物理模型是在逻辑模型的基础上，考虑各种具体的技术实现因素，进行数据库体系结构设计，真正实现数据在数据库中的存放。

物理模型设计是根据具体的非功能需求、系统和技术方面的约束，对逻辑模型进行细化的过程。在此过程中，可根据实际情况采取一定反规范化的处理，例如在一定程度上增加数据冗余或者隐藏实体之间的关系，适应具体数据库的容量、性能等限制。

物理模型设计（图 5-4）的主要过程如下。

（1）了解数据存储平台（Hive 或 MPP DB）的技术实现要求，设计数据存储架构与规划。

（2）细化逻辑模型实体，采用系统可用的类型，设计外来键、非空、检查等完整性规则，设计索引等。

（3）优化实体之间的关系，采用代理主键代替多属性主键等。根据实际需要采用反规范化、分表等设计，提升性能。

（4）设计支持系统运行的非业务的其他模型。

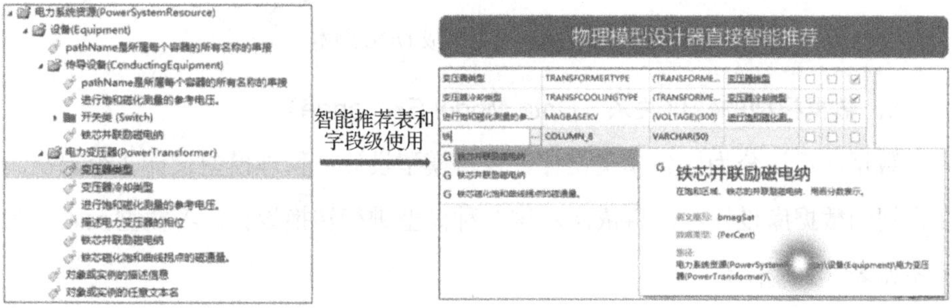

图 5-4　物理模型设计

物理数据模型设计应符合以下要求。

（1）符合性要求。

物理模型设计一定要符合实际系统的技术要求，可以直接转换为数据定义语言（DDL），如图 5-5 所示。

（2）完整性要求。

物理模型需包括数据库中所有的数据表定义，包括业务和非业务的模型，还包括索引、检查规则等其他内容。

（3）性能要求。

采取多种设计手段满足系统性能要求，这些方法都需要反映在物理模型设计中。

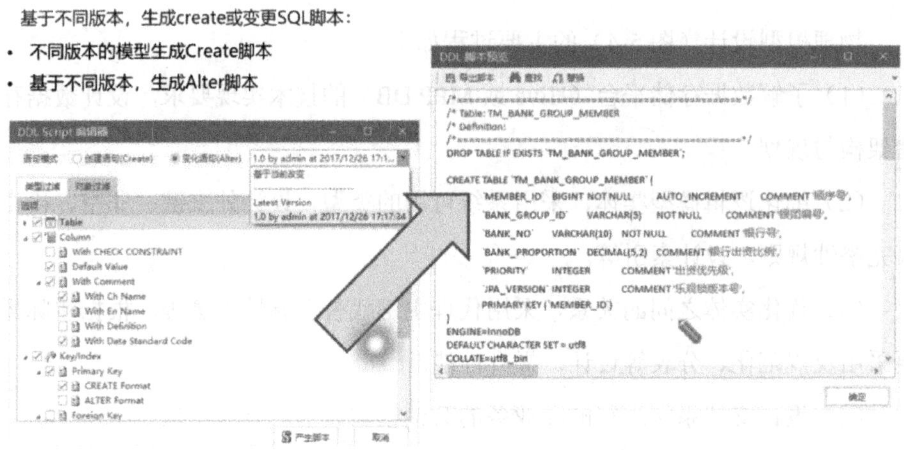

图 5-5　物理模型生成 DDL 脚本

5. 数据模型的转化关系（Data Model Exchange）

数据库设计分为概念模型设计、逻辑模型设计、物理模型设计 3 个层次。在常规的数据库设计中，将依次对这 3 种模型进行转换设计。各模型元素对应关系如表 5-20 所示。

表 5-20　各模型元素对应关系

概念模型	逻辑模型	物理模型
实体（Entity）	实体（Entity）	表（Table）
属性（Attribute）	属性（Attribute）	列（Column）
标识符（Identifier）	标识符（Primary Identifier/Foreign Identifier）	键（Primary key/Foreign key）
关系（Relationship）	关系（Relationship）	参照完整性约束（Reference）

6. 数据模型开发方法

数据模型开发方法可以采用 TOGAF（The Open Group Architecture Framework，开放组织体系结构框架）的架构开发方法（Architecture Development Method，ADM），它一共分为 10 个阶段，如图 5-6 所示。

架构开发方法是一个在全球被广泛使用并被证明很有效的方法论，它的特点是迭代循环，适合处理业务需求。

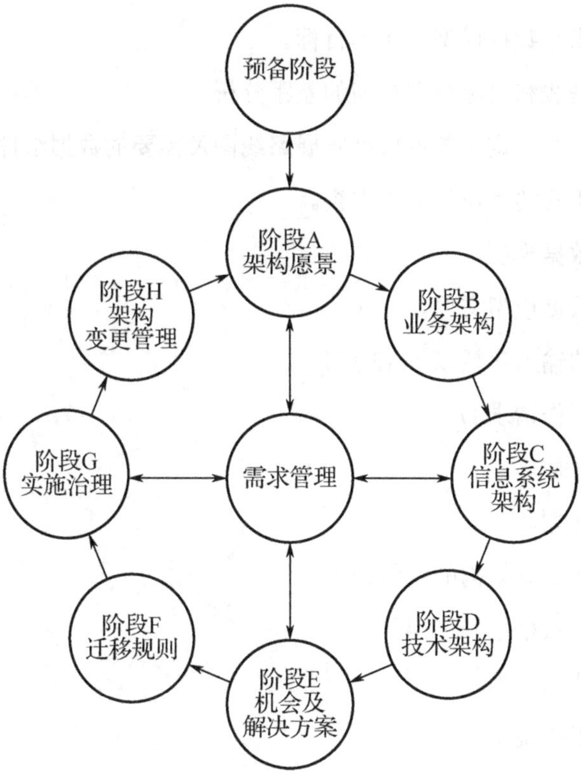

图 5-6　数据模型开发方法

预备阶段进行准备工作：确定受影响的组织范围，发现架构工作需求，确定治理和支持框架，建立架构组织、识别架构原则，调整 TOGAF 框架，以及制订工具与技术的实施战略和计划。

图 5-6 中的阶段 A 到阶段 H 都必须依据需求开发，开发完成后需要验证，当需求能被满足后才能通过评审和验收。

阶段 C 包含数据架构和应用架构的开发，可从任意一个架构开始。建议先从数据架构的开发开始，再进行应用架构的开发。利用数据模型的开发方法可以定制阶段 C 的数据架构的开发方法，主要包括以下方面。

（1）选择参考数据模型、数据视图和工具。

（2）梳理当前数据模型，作为基线。

（3）定义未来数据模型，作为目标。

（4）进行基线和目标数据模型的差距分析。

（5）消除差距，定义数据模型发展路线图及需要的数据组件。

（6）引导正式的利益相关者审查。

（7）定稿数据模型。

（8）创建数据模型文件。

数据架构的输入包括以下 12 点。

（1）架构工作请求书。

（2）能力评估。

（3）沟通计划。

（4）企业和数据架构的组织模型。

（5）企业和数据架构框架。

（6）数据架构原则。

（7）架构工作说明书。

（8）架构愿景。

（9）架构存储库。

（10）架构定义文件初稿（含业务架构）。

（11）架构需求规格初稿，其中包括差距分析结果和相关技术需求。

（12）架构路线图的业务架构组件。

数据架构的输出包括以下 5 点。

（1）架构工作说明书（Statement Of Work，SOW）。

（2）经验证的数据架构原则或新的数据架构原则。

（3）架构定义文件初稿（含业务架构与数据架构）。

（4）架构需求规格初稿。

（5）架构路线图的数据架构组件。

架构定义文件输出物包含数据架构组件，内容如下。

（1）基线数据架构（当前的实际情况）。

（2）目标数据架构，包括以下内容。

① 业务概念模型。

② 逻辑模型。

③ 数据管理流程模型。

④ 数据实体/业务功能矩阵。

（3）与选定视点对应的数据架构视图（针对关键利益相关者的关注）。

架构需求规格输出物包含数据架构组件，内容如下。

（1）差距分析结果。

（2）数据互操作性需求。

（3）为了与架构变更保持一致，业务架构可能需要改变的地方。

（4）对即将设计的技术架构存在的约束。

（5）最新的业务需求、应用需求、数据需求（如果符合实际情况）。

数据架构阶段常用的模型/视图如下。

（1）数据实体/数据组件目录。

（2）数据实体/业务功能矩阵。

（3）应用/数据矩阵。

（4）概念数据图。

（5）逻辑数据图。

（6）数据传播图。

（7）数据安全图。

（8）数据迁移图。

（9）数据生命周期图。

5.2.7 数据分布

数据分布用于识别核心数据，明确核心数据在业务部门、应用系统中的分布关系，识别数据唯一生成源头，以及数据归属与认责部门，为履行数据管理相关工作提供依据。根据在数据资源梳理过程中业务实体与物理库表之间的映射关系，可以梳理出数据与系统、部门之间的分布关系，具体介绍如下。

1. 数据—系统分布关系矩阵

根据业务系统盘点结果，可以梳理出业务域实体在信息化管理系统中的分布情况，并在此基础上分析及识别核心数据，明确核心数据在应用系统中的分布关系。

以下示例为通过分析组织的数据模型，在人力资源主题域下的实体与系统、物理库表之间构建分布关系矩阵，如表 5-21 所示。

表 5-21 人力资源主题域数据——分布关系矩阵

二级业务域	三级业务域	实　体	映射源系统	物 理 库 表
人力资源管理	人员管理	轮岗信息	HR 管理系统	轮岗挂职表
人力资源管理	人员管理	后备干部	HR 管理系统	后备干部表
人力资源管理	人员管理	任免聘任	HR 管理系统	任免聘任表
人力资源管理	人员管理	成果奖项	HR 管理系统	成果奖项表
人力资源管理	人员管理	工作业绩	HR 管理系统	工作业绩表
人力资源管理	人员管理	论文论著	HR 管理系统	论文论著表
人力资源管理	人员管理	授权专利	HR 管理系统	授权专利表

2. 数据—部门分布关系矩阵

结合业务系统的盘点结果和业务输入，可以在人力资源主题域下的实体与系统、业务责任部门、操作责任部门之间构建分布关系矩阵，如表 5-22 所示。

表 5-22 人力资源主题域数据—部门分布关系矩阵

二级主题域	三级主题域	实　体	关联系统名称	业 务 部 门	操 作 部 门
档案管理	人事档案管理	档案室	HR 管理系统	档案处	人事管理部门

续表

二级主题域	三级主题域	实　体	关联系统名称	业 务 部 门	操 作 部 门
档案管理	人事档案管理	档案剔除销毁材料	HR 管理系统	档案处	人事管理部门
档案管理	人事档案管理	档案问题	HR 管理系统	档案处	人事管理部门
档案管理	人事档案管理	档案转递	HR 管理系统	档案处	人事管理部门
档案管理	人事档案管理	非在册人员管档	HR 管理系统	档案处	人事管理部门
档案管理	人事档案管理	人事档案馆	HR 管理系统	档案处	人事管理部门

3. 数据—系统操作关系矩阵

根据业务系统盘点结果可知，人力资源主题域下的实体主要分布在人力资源（HR）管理系统中，通过对业务流程、实际业务操作、系统间接口清单的分析，人力资源主题域中的数据与人力资源管理系统、报销平台、共享财务平台和党建平台存在交互关系，在人力资源主题域下的实体与各系统之间构建数据—系统操作关系矩阵，如表 5-23 所示（CRUD：Create，创建；Read，读取；Update，更新；Delete，删除）。

表 5-23　人力资源主题域数据—系统操作关系矩阵

二级业务域	三级业务域	LDM 实体	HR 管理系统	财务系统
档案管理	人事档案管理	人事档案馆	CRUD	—
档案管理	人事档案管理	人事档案信息	CRUD	—
考勤与绩效管理	考勤管理	计划工作时间	CRUD	—
考勤与绩效管理	考勤管理	加班	CRUD	—
人力资源管理	专业技术人员管理	专家信息	CRUD	RUD
人力资源管理	专业技术人员管理	专业技术任职资格及证书信息	CRUD	RUD

4. 数据分布关系统计分析

通过对业务系统盘点结果中的人力资源业务域的实体分布涉及的物理数据库表进行分析，以及构建实体与系统之间的分布关系矩阵可以发现，人力资源主题域相对其他系统来说较为独立，其实体全部分布在人力资源管理系统中，如表 5-24 所示。

表 5-24 人力资源主题域实体数量分布关系

系　统	二 级 域	分布实体名称	实体数量/个
人力资源管理系统	保险管理	企业年金个人缴费台账、企业年金基础信息、企业年金企业缴费台账、企业年金员工变动信息、企业年金账户、企业缴费计入台账、社保公积金地方实缴信息、社会保险、住房公积金台账、住房公积金	10
	档案管理	档案材料接收信息、档案查借信息、档案管理人员、档案库、档案目录、档案审核信息、档案室、档案剔除销毁材料、档案问题记录、档案转递信息、非在册人员管档信息、人事档案馆、人事档案	13
	考勤与绩效管理	组织机构考核信息、奖惩信息、考核评议信息、组织机构绩效考核规则、出勤信息、工作计划时间、加班信息、缺勤及休假信息、替班信息	9
	培训管理	培训班、培训合同、培训项目、外训留学、内部培训师、培训课件、用户认证信息	7
	人才交流管理	对口支持信息、境外项目经历、应届毕业生招聘需求与计划、招聘单位主数据	4
	人力资源管理	管理职位、一般职位、挂职轮岗锻炼信息、后备干部、任职免职、任免聘任、成果获奖、专业和专长、工作业绩、论文论著、授权专利、职称考试、专家信息、专业与外语水平考试信息、专业技术任职资格及证书、专业技术职务聘任、资格证书	17
	薪酬管理	工资核算范围匹配信息、计算公式、工资总额计划、工资总额监控信息、单独工资发放信息、个人所得税、工资发放表、工资奖金过账信息、工资演变信息、工资状态、基本工资、境外岗位津贴等级、劳务用工及劳务费台账、银行账户、员工个人月度工资、支付扣减信息	16

5.2.8 数据流向

数据流向体现了系统各环节输入和输出的信息项，以及数据通过系统交互及存储的路径；从数据传递和加工的角度看，数据流向还体现了控制流和数据流的方向。

数据流向的梳理方法有以下 5 步。

（1）按数据域整合该域内经过对所有系统盘点得到的交互接口清单。

（2）根据交互接口清单，梳理流入/流出系统名称、库表名称和字段名称，以及交互接口信息，形成数据交互信息清单。

（3）从数据交互信息清单中识别核心数据（核心数据包括企业总部、部门KPI 数据，源头数据，跨业务、跨系统流转数据，规范定义的数据，质量问题敏感数据等），再确认核心数据的数据分布及操作关系、可信数据源。

（4）建立逻辑模型的实体、属性与流入/流出系统库表、字段之间的映射关系，结合数据操作关系、可信数据源，整合形成逻辑模型的实体、属性在物理系统库表、字段之间的流向图，梳理及分析出数据流向。

（5）对存在数据流转关系的系统进行数据流向分析，利用数据治理平台中相应的功能生产数据流向图，展示数据在各系统之间的流向关系。

5.2.9 数据服务

广义的数据服务包括数据采集、数据传输、数据存储、数据处理（包括计算、分析、可视化等）、数据交换、数据销毁等。狭义的数据服务是指将数据封装起来，向数据的使用者提供数据技术的机制。

数据服务需要基于企业级的数据架构及各类数据标准进行，还需要建立基于数据认责制度的相关流程，以确保对数据的拥有者、使用者、运营者、管理者建立长效的工作机制。

数据服务主要通过以下 8 种方式实现。

1. 数据集

数据集是数据的集合，通常以表格形式展现。数据集的服务方式是，通过数据库批量导出部分数据明细，并提供给数据需求方。

2. API 接口

API 接口是预先定义的函数，可提供基于软件或硬件得以访问一组例程的能力。API 接口具有体量轻、使用方式灵活、可管控性良好等优点，目前众多企业均选择 API 接口作为最主要的数据服务方式。

3. 数据报表

数据报表是根据规定的业务逻辑，通过简单的统计处理，以数据集合或图形的方式将结果展现出来。

4. 数据报告

数据报告是对数据进行深度加工，并基于数据分析，加上文字或图表解释，将数据反映出的规律和问题展示出来。

5. 数据标签

数据标签是对一组数据的基本特征或共同特征的提炼。在数据挖掘或数据分析过程中，可以通过数据标签直接获取符合相应特征的数据集。

6. 数据订阅

数据订阅是通过统一、开放的数据订阅通道，让用户高效地获取订阅对象的实时增量数据。数据订阅被应用在包含业务异步解耦、异构数据源的数据实时同步，以及包含复杂 ETL 的数据实时同步等多种应用场景中。

7. 数据组件

数据组件是具备特定数据处理逻辑的工具，可以根据需要直接处理数据或作为数据应用的调用对象。

8. 数据应用

数据应用是数据服务的高级形式。数据应用将数据通过工具、程序进行处理后再进行可视化，可以实现复杂的数据处理和多样化的界面展示。

5.3 元数据管理

元数据（Meta Data）是描述“关于数据的数据”。“Meta”起源于亚里士多德的名著《形而上学》中特别创造的词“Metaphysics”。Metaphysics 是由“Meta”和“Physics”组成的，其中前缀“Meta”被赋予了“延续与超越、更高抽象层次”的含义。“数据”（Data）是反映存在于真实世界的交易、事件、对象和关系，而将“Meta”与“Data”相结合，构成的“元数据”一词就再抽象了一层，反映了数据本身的交易、事件、对象和关系。有学者将“Meta Data”译为“诠释数据”，这也在一定程度上反映了元数据的含义。

不同领域（如交通行业、医疗行业等）有不同的元数据标准。根据针对的资源对象的不同，元数据的结构、描述、语义也各不相同。详细的、标准化的元数据可以在很大程度上提高数据的可用性，它既可以用来识别某个特定的对象，也可以记录该对象的具体特性，如类别、行为、功能、使用方式。如果没有合适的元数据，数据治理就缺乏一项重要的基础资源。David Marco 在《元数据仓储的构建与管理》中称元数据是“所有系统、文档和流程中包含的所有数据的语境，是生成数据的知识”。

本节将从元数据的定义、分类、重要作用以及元数据的相关分析展开讨论。

5.3.1 元数据概述

1. 元数据的定义

元数据最基本的含义是“描述数据的数据”，看起来非常简单，但容易引起误解。元数据的信息范围很广，它不仅包括技术和业务流程、数据规则和约束条件，还包括逻辑数据结构与物理数据结构等。它描述了数据本身（如数据库、数据元素、数据模型)、数据表示的概念(如业务流程、应用系统、软件代码、技术基础设施)、数据与概念之间的关系。

元数据可以帮助企业理解其自身的数据、系统和流程，也可以帮助用户评估数据质量。

2. 元数据的分类

通常，我们将元数据分成 3 种类型：①技术元数据；②业务元数据；③操作元数据。

1）技术元数据

技术元数据描述有关数据的技术细节、存储数据的系统，以及在系统内和系统之间数据流转过程的信息，主要包括信息系统、系统数据库表、接口服务定义等内容，具体包含系统建设概述、系统数据库物理模型信息、系统的接口单元文件、数据库逻辑模型元数据信息等，具体说明如下。

（1）系统技术元数据：系统名称、数据总量、日增量。

（2）接口技术元数据：接口名称、数据包格式、实时/批量、传输时间窗口要求、传输频率、数据包大小限制。

（3）数据表技术元数据：数据表名称、现有记录数、初始记录创建时间、最新记录创建时间。

（4）数据字典：数据项/字段名称、数据类别、常用单位、取值范围、数据长度、数据精度、数据格式、是否主键、是否可空、外键。

（5）指标技术元数据：存储过程名称、统计周期、取数时间等。

2）业务元数据

业务元数据包括业务名称、业务定义、业务描述等。

业务人员更多关注的是与客户、结算日期、销售金额等相关的内容，这些内容很难从技术元数据中体现出来。

业务元数据使用业务名称、业务定义、业务描述等信息表示企业环境中的各种属性和概念。从一定程度上讲，所有数据背后的业务上下文都可以被看成业务元数据。与技术元数据相比，业务元数据能让用户更好地理解和使用企业环境中的数据，例如用户通过查看业务元数据就可以清晰地理解各指标的含义、指标的计算方法等信息。

3）操作元数据

操作元数据描述数据的操作属性，主要包括支持数据管理流程和功能的元数据信息，又可进一步细分为认责操作元数据、安全操作元数据、稽核操作元数据等，具体说明如下。

（1）认责操作元数据：关于数据认责信息的描述，如系统责任部门、系统管理员、数据标准责任部门、数据标准责任岗位、数据质量责任部门、数据质量责任岗位等。

（2）安全操作元数据：关于数据安全信息的描述，主要包括访问安全、权限控制、分级管理、隐私控制、流程约束等信息，如数据安全等级、是否加密、是否共享、共享条件描述等。

（3）稽核操作元数据：主要包括数据完整性和一致性检查、稽核规则（数据质量规则）等信息，如对数据质量的完整性、规范性、一致性稽核的规则描述。

3. 元数据的重要作用

为了理解元数据在数据管理中的重要作用，可以对其作数据价值分析或关联度分析。

数据价值分析主要对元数据的被使用情况进行统计，包括类型最多的元数据占比、关联度排名、元数据变更情况、元数据属性差异、元数据的重复性等，常用的管理工具有关联度分析、属性值差异分析、元数据对比分析、重复元数据分析。

关联度分析用于分析元数据的重要程度，按照关联度从高到低依次排列元数据；属性值差异分析，用于检查同类型元数据的属性值的差异；元数据对比分析，用于检查两个元数据及其下级元数据之间的属性信息的差异；重复元数据分析，用于对元数据进行重复性统计，展示哪些元数据存在重复或者类似的属性。

4. 元数据管理成熟度

元数据管理过程中，可以参照元数据管理的成熟度模型确定企业当前元数据管理所在层次，并根据业务需要制定元数据管理升级路线图。元数据管理的成熟度模型是从组织结构出发，通过知识管理的视角去理解元数据管理。为了给元数据管理成熟度树立一个基准，我们需要分析它与人、流程、技术之间的相互关系。

元数据管理成熟度有多种分类方法。在 *Metadata Maturity Helps You Maintain Business Relevance* 中，将其分为 Ad Hoc、组织、度量、分析、优化 5 级成熟度。

（1）Ad Hoc：开始接触元数据的应用，包括管理内容和内容工作流。

（2）组织：对内容技术的常规理解，通常以内容管理系统和集中的共享文档存储库的形式开始。

（3）度量：展示内容管理系统和核心竞争力方面的经验，如获取、编目、转换、转码、分发等。

（4）分析：通过有组织的知识传递来管理对业务至关重要的存储库和工作流系统。

（5）优化：了解和预测企业需求，以准备未来的业务需求。

IBM 针对元数据管理提出如图 5-7 所示的成熟度模型，将元数据管理成熟度分成 6 个级别。

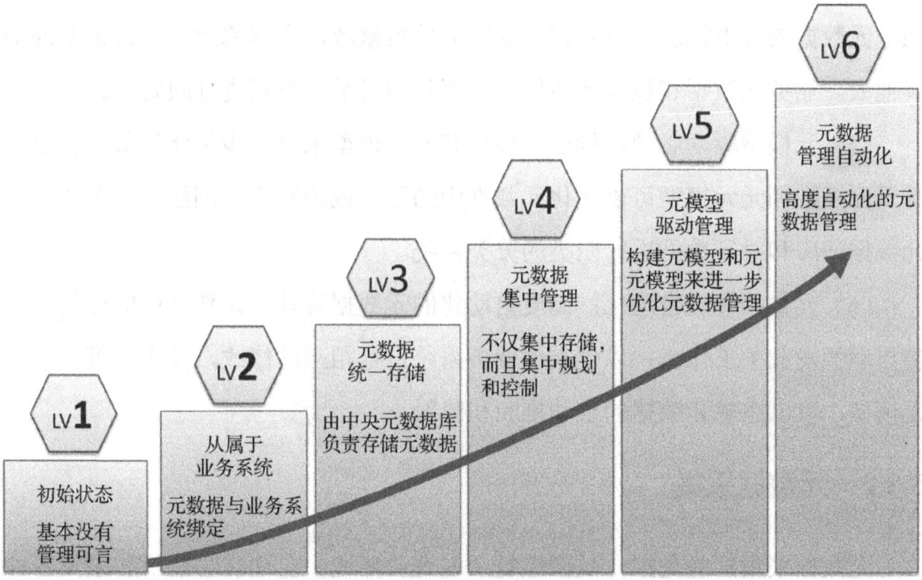

图 5-7　IBM 提出的元数据管理的成熟度模型

（1）初始状态：基本没有管理可言。元数据分散于日常的业务和职能管理中，业务和职能相关的人员在局部产生，元数据传递依赖人员的交流，系统设计时不考虑元数据交互。

（2）从属于业务系统：元数据与业务系统绑定。元数据随业务系统的构建被设计、获取、维护，并随业务系统孤立地全部或部分管理。业务元数据和技术元数据基本仍处于分散状态，未得到统一管理，元数据之间互通互联困难。

（3）元数据统一存储：由中央元数据库负责存储元数据。元数据依然在局部产生和获取，但会集中到中央元数据库进行存储，由中央元数据库统一管理业务元数据和技术元数据。并且，业务元数据和技术元数据之间全部或部分通过手工方式做了关联。这种方式会使得元数据在整个企业层面可被感知和搜索，极大地方便了企业获取和查找元数据。不过在产生和获取元数据时，由于缺乏统一规划，元数据中容易存在冗余、不一致、二义性等问题。

（4）元数据集中管理：不仅集中存储，而且集中规划和控制。这一层级增强了元数据的集中控制，元数据无法孤立地被修改，在其修改前后都需要通知其他人。业务元数据和技术元数据之间还是通过手工方式进行映射的。

（5）元模型驱动管理：构建元模型和元元模型来进一步优化元数据管理。基于元模型和元元模型可以优化元数据中的不一致和冗余，创建、管理和共享元数据词库和对元数据进行归类的分类系统。

（6）元数据管理自动化：高度自动化的元数据管理。元数据中的任何变化将自动触发业务工作流，以便其他业务系统进行相应的修改，基于元模型和元元模型，可以完成元数据的自动推断和映射。

5.3.2 元数据采集

元数据采集功能是指，从错综复杂的企业环境中自动实时解析和采集各种元数据的能力，为应对各种数据环境，这个环节通常需要使用各种技术和语法来支持大数据平台、关系数据库、第三方工具、存储过程、脚本、文本文件、表格文件中的自动化数据采集。

元数据采集功能能够适应异构环境，支持从传统关系数据库、大数据平台、数据产生系统、数据加工处理系统、数据应用报表系统中采集全量元数据。采集内容包括过程中的数据实体（系统、库、表、字段的描述）及数据实体加工处理过程中的逻辑。元数据管理系统根据数据源的连接信息、同步周期及开始时间，定时自动解析、获取并更新元数据信息，保证系统中元数据信息的及时、有效。

5.3.3 数据资产地图

数据资产地图可以很好地将元数据进行层级整理、分类，还可以将彼此有影响的元数据关联起来，并通过可视化的方式展现出来，以便用户查看元数据的整体情况。用户想了解总共有多少元数据，它们之间的层级关系、血缘关系等，利用数据资产地图就能对此了如指掌，还可以对单个元数据进行快捷分析，查看某一元数据的影响分析、血缘分析或全链分析。

数据资产地图还支持检索功能。用户通过搜索元数据的名称，可以快速定位元数据在资产地图中的位置，能直观地看到该元数据的层级关系和与之有血缘关系、影响关系的其他元数据。

数据资产地图也支持导出功能。数据资产地图导出后的元数据包含数据代码、数据名称、数据类型、创建时间、详情、依赖关系等信息，用户导出元数据后，能很清晰地看到每个元数据的详细信息以及元数据间的依赖关系。

1. 数字化

数据资产地图主要解决使用方的以下 4 类问题。

（1）根据关键词查表的问题。

（2）根据表名查字段、查表介绍的问题。

（3）查看表的大小、存储方式、存储周期。

（4）涉及字段添加、字段修改找谁的问题。

数据资产地图构建过程中的两个关键问题：①存哪些数据；②数据如何更新。

2. 数据字典

随着数字图像采集性能的大大提高，终端显示的能力也相应有了进步，未来视频监控的图像质量将会达到高清电视的水平，极大地保证了城市视频监控联网中图像的清晰度。高清是安防监控一直追求的目标，特别是对于公安、交通、治安、金融部门来说，高清更显得举足轻重。高清能够提供更好的图像清晰度、更流畅的画面、更宽广的浏览体验、更精确的智能应用，因此高清也是必然的趋势。

3. 元数据发布

评估和分析分散在各个应用系统、各个部门中的业务元数据、技术元数据之间的关联性，建立技术元数据与业务元数据的映射，形成企业级元数据地图，发布元数据基线。

在后续的运维过程中，根据各业务部门的用数需求，分析判断元数据仓库中是否已存在相应的元数据。如果元数据仓库中已有该元数据，则直接共享使用；如果元数据仓库中没有，则需要确定采集方案，进行数据采集，并对采集的元数据进行整理完善，与生产库建立映射关系，最后完成新增元数据的发布。

元数据规划设计是元数据管理实施中最重要，也是工作量最大的一个过程，这是国内大多数企业元数据管理的现状。究其原因，主要还是数据管理体系不够成熟，也可以说是数据规划不够成熟。很多企业从一开始就没有进行完整的数据规划，比如业务术语、指标的定义，现在几乎要整体倒推，获得元数据自然就比较困难。

5.3.4 全链路分析

随着数据的数量和内容呈现几何式增长，由于缺乏能够分析和展示数据流动关系全貌的服务和工具，用户在消费数据时会遇到无法知晓数据加工流程、无法了解上游数据会对下游哪些作业或系统产生影响等问题，给数据开发、分析、运维等工作带来困扰。传统的血缘分析仅仅涉及该系统中存储的表数据，对于上下游中的脚本、文件、作业等数据无法提供数据链路分析查询服务；此外，链路数据延伸范围较短，无法提供从数据真正入库源头到下游系统利用末端这样完整的数据流转描述。如何通过分析不同逻辑层次下的物理表数据、作业、脚本等元数据内容，创建串联起文件、作业、模型、脚本等对象的技术数据全链路分析方法，可为端到端跨系统跨层次的链路查询服务提供支撑，满足用户分层自助查阅数据链路结果的需求。

1. 结构化数据全链路分析

随着大数据技术的兴起，数据仓库、数据流向成了非常重要的分析信息。其中，数据流向主要从 SQL、存储过程、ETL 等工具进行分析。ETL 可以根据配置信息进行快速分析，而 SQL 和存储过程分析起来比较麻烦，目前的分析都是不彻底的或者需要人工干预的，不能全自动、彻底地分析其中的流向关系。针对上述问题，本书提出了一种元数据全链路分析的方法。

图 5-8 为元数据全链路分析的方法示意图。下面将对其进行详解。

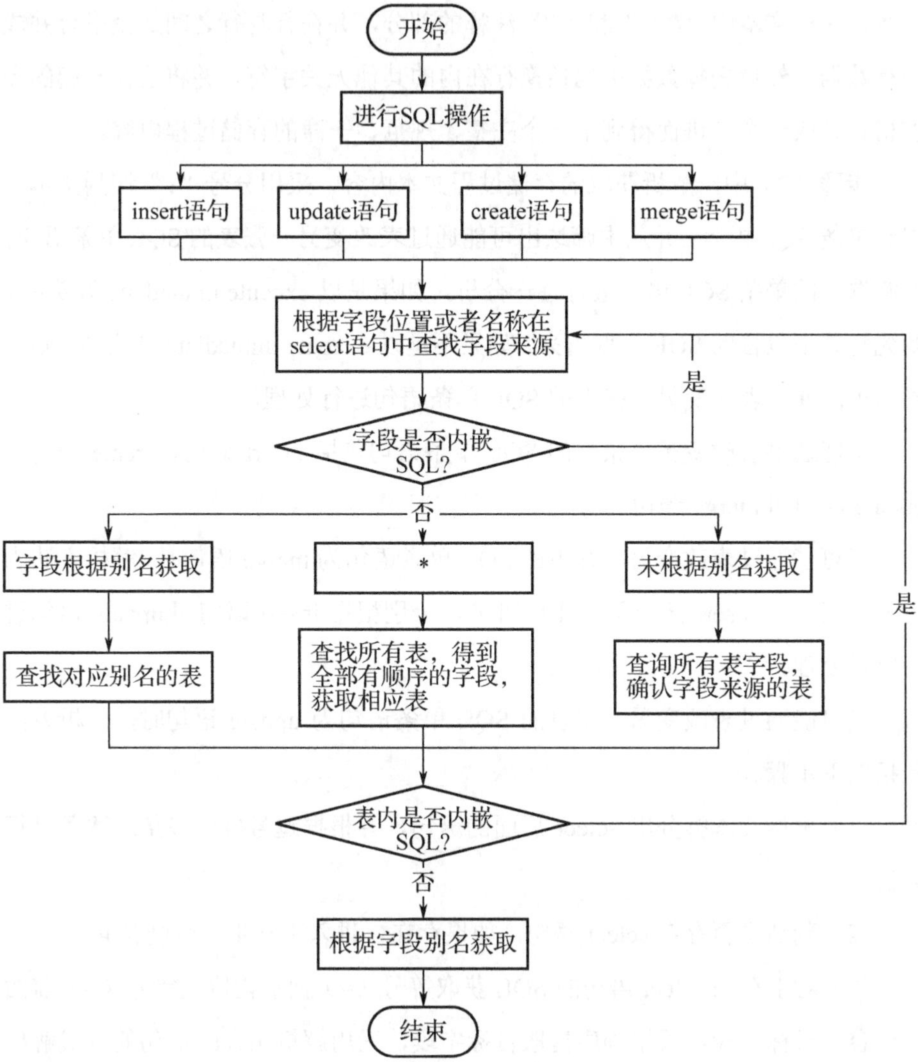

图 5-8　元数据全链路分析示意图

（1）处理存储过程，去掉其中的无关信息。

（2）找出可能影响数据流向的 SQL，根据类型分别做预处理。

（3）进行数据流向查找。

步骤（1）中，首先获取存储过程文本内容，以一行为单位存储；解析文本内容，去掉文本中“/**/”和“//”注释的部分，并在行与行之间加空格合并成一行数据，然后去掉数据中包括换行在内的其他无关字符，并将连在一起的多空格合并成一个，进而得到了一个完整、规范、干净的存储过程内容。

步骤（2）中，解析获取的存储过程文本内容，采用分号“；”切割文本，得到单条 SQL 内容；并从中筛选出可能通过表改变另一张表的 SQL 单条语句；对筛选出的单条 SQL 语句进行逐一分析，如果是以 execute immediate 开头的，则先将其中包含的 SQL 提取出来，如果不是以 execute immediate 开头的，则分别对可能通过表改变另一张表的 SQL 单条语句进行处理。

可能通过表改变另一张表的 SQL 单条语句包括 insert 语句、create 语句、update 语句和 merge 语句。

当可能通过表改变另一张表的 SQL 单条语句为 merge 语句时，解析方法为拆分出其中的 insert 部分和 update 部分，分别根据 insert 语句和 update 语句进行解析处理。

当可能通过表改变另一张表的 SQL 单条语句为 update 语句时，解析方法包括以下步骤。

（1）根据文本拆分出 select 后面的语句，并根据逗号拆成多条，逐条进行分析。

（2）判断是否存在 select 语句，如果存在，进入下一步，否则舍弃。

（3）对于存在 select 语句的 SQL 获取等号（=）前后内容，等号（=）前面的内容为目标字段，根据顺序提取目标字段，采用解析 insert 语句的方式解析 select 语句，获取表间关系。

当可能通过表改变另一张表的 SQL 单条语句为 create 语句时，解析方法包括以下步骤。

（1）判断是否是根据 select 语句创建表，如果是，则进入下一步，否则舍弃。

（2）判断是否命名新表字段名称。如果没有，则从后边的 select 语句中获取字段名称，并分析表间的关系；如果有，则按照顺序提取字段名，分别在后面的 select 语句中查找分析。

当可能通过表改变另一张表的 SQL 单条语句为 insert 语句时，解析方法包括以下步骤。

（1）判断是否是根据 select 语句插入数据，如果是，则进入下一步，否则舍弃。

（2）判断 insert 语句是不是根据字段名插入数据。如果是，则从文本中按顺序提取字段名；如果不是，则获取表的全部字段，并按照顺序排序。

（3）根据上一步获取的字段顺序，从 select 语句中获取相应顺序的字段的来源。

（4）判断 select 语句最外层是否含有 union、union all、minus 或 intersect，如果有 union、union all 或 intersect，则将 SQL 拆成两个 SQL 语句，分别进行分析，然后将两部分的结果值合并；如果是 minus，则只取前一部分进行分析。

（5）如果相应位置字段是字段而不是内嵌 SQL，根据文本获取到其中包含的有用的所有字段，分别查找，然后将结果集合并。

（6）如果相应位置字段是字段且是内嵌 SQL，则递归查找。

所述步骤（5）中，查找规则包括以下步骤。

① 首先判断是否是根据别名获取的字段名。

② 如果是根据别名，则找到相应的别名的表，如果表是内嵌 SQL，则进行递归获取；否则这张表就是来源表。

③ 如果不是根据别名，则判断表的个数，如果是一张表，则该表是来源表，该字段是来源字段；如果是多张表，则循环查询表的字段，看表是否包含这个字段，直到找到存在这个字段的表；如果是“*”，则查询下面所有表字段，并根据表顺序排序，找到相应的字段及其表。

2．非结构化数据全链路分析

按照 CWM 标准设计数据链路分析使用的元模型并定义其间的关系，如数据链路段、作业匹配规则、逻辑层次关系等，形成如图 5-9 所示的链路层次划分。用户获得的初始链路至少有四层，自顶向下分别描述目标数据的所属系统、逻辑层次、隶属实体以及对象自身。一个典型的数据链路会进行如下分层描述。

第一层描述当前请求内容涉及的系统，展示链路最远延伸的范围；第二层描述当前请求内容涉及系统的逻辑分层情况；第三层描述关联的文件、作业（脚本），并展示相应的属性信息；第四层及以下描述文件转发以及脚本加工逻辑，并展示相应的属性信息。

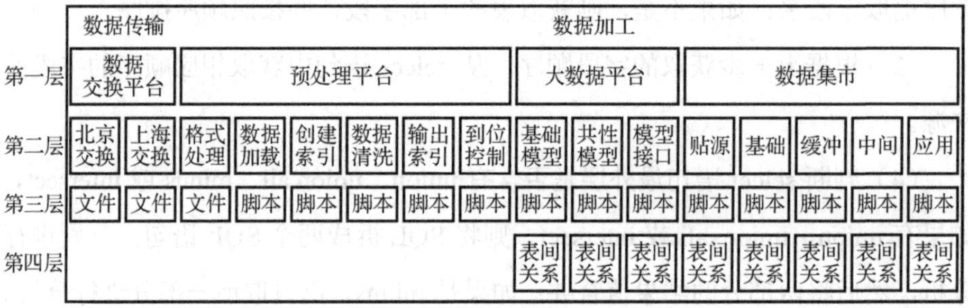

图 5-9　链路层次划分

5.3.5　血缘分析

元数据管理在功能层包装成各类元数据功能，并对外提供应用及展现，血缘及影响关系分析则方便数据的跟踪和回溯。血缘及影响关系分析提供数据在业务中的流向、数据在系统间的流向以及数据的可信数据源信息，并形成数据的流向地图。数据血缘关系可实现对数据的追踪溯源，通过选定指定表进行数据追踪溯源操作，以实现对数据来源的分析；关联关系分析功能可实现数据流向分析，通过选定指定表进行数据流向的分析和统计。血缘分析关注数据在信息系统间的流转，通过可视化的方式来展示数据源之间的相互影响，可用于数据溯源和评价数据价值，也可以作为数据归档的参考依据。通过在数据字典中查看某数据实体的特定属性字段，并选择血缘分析，即可查看该属性字段的血缘关系，用带箭头的链路来标识出该属性字段在所分布的系统间的流向，并标识出可信数据源。

5.3.6 影响度分析

影响度分析是分析元数据的下游数据信息，用于掌握元数据变更可能造成的影响。与血缘关系相对，影响度关系指向的是元数据的下游流向。元数据管理工具的影响度分析功能用来指明元数据的所有流向，并将这些元数据及流向关系用影响度分析图展示出来，方便用户观察所分析的元数据的影响能力，即当前元数据变化会对哪些元数据造成影响。用户在修改、删除元数据后，可以看到有哪些元数据的结构、数据可能会跟着有变化，该元数据可能会对哪些系统造成直接或间接的影响。影响度分析使得用户修改数据后可能导致的风险更可控。

5.3.7 元数据变更

当元数据需要变更时，元数据管理工具提供了变更控制能力，明确元数据版本，保存元数据的历史状态，在发生任何问题时，可以自动恢复到之前的版本。在某个元数据项发生变更时，可能还需要对该次变更将要产生的影响进行分析和评估。

5.4 主数据与参考数据管理

主数据（Master Data）是所有数据中最具有价值的那部分数据，是属于公司基本业务的数据，通常是长期使用的，且应用于多个应用程序。在实际的业务和技术流程中，往往企业或组织的各子系统相互重叠，长此以往，数据孤立和数据不易维护的弊端就会呈现出来，一旦某一子系统数据变更，就很难被传播到其他子系统中。如果被更新的数据存在于大量子系统中，就会使得数据存在大量不一致、过时或缺失等质量问题。近年来，随着业务和监管的需要，人们不得不拿出精力来解决这些分散在各处的主数据带来的问题，因此，“主数据管理”（Master Data Management，MDM）的概念及其重要性也被业界逐步接受。

5.4.1 主数据概述

主数据是指用来描述企业核心业务实体的数据，是企业核心业务对象、交易业务的执行主体，是在整个价值链上被重复、共享应用于多个业务流程的、跨越各个业务部门和系统的、高价值的基础数据，是各业务应用和各系统之间进行数据交互的基础。从业务角度来看，主数据是相对“固定”的，变化缓慢。主数据是企业信息系统的“神经中枢”，是业务运行和决策分析的基础，如供应商、客户、企业组织机构和员工、产品、物料、厂商、账户、渠道、COA、BOM 等。

主数据的一个相对严格的定义：主数据是企业内部数据的一个子集，是跨越多个部门或多种服务被重复使用的高价值核心数据，并具有一致、准确、完整、可控的性质。

主数据的一致性主要是为了保证多个主数据实体或数据表之间的一致性，例如，同一物料的计量单位在不同的实体中应该保持一致。

主数据的准确性和完整性是为了保证数据如实地反映真实世界的情况，例如，客户的地址如有变化，主数据应当及时更新以保持准确和完整。

主数据的可控性是为了保证主数据不会发生非预期的变化和使用，即其更新、读/写、运算都是受监管、可追溯的。

主数据具有以下几个方面的特征。

1. 跨部门

主数据不是那种局限于某个具体职能部门的数据，而是满足跨部门业务协同需要的、各个职能部门在开展业务过程中都需要的数据，是所有职能部门及其业务过程中保持不变的数据。

2. 跨流程

主数据不依赖于某个具体的流程，但是主要业务流程是需要的。主数据的核心是反映对象的状态属性，它不随某个具体流程而发生改变，而是整个流程中不变的要素。

3. 跨主题

与信息工程方法论中通过聚类方法选择主题数据不同，主数据是不依赖于特定业务主题却又服务于所有业务主题的、有关业务实体的核心信息。

4. 跨系统

主数据管理系统是信息系统建设的基础，应该保持相对独立，它服务于并且高于其他业务系统，因此对主数据的管理需要集中化、系统化、规范化。

5. 跨技术

由于主数据要满足跨部门的业务协同，它必须适应采用不同技术规范的不同业务系统，所以主数据必须应用一种能够被各类异构系统所兼容的技术。从这个意义上讲，面向微服务架构为主数据的实施提供了有效的工具。

5.4.2 主数据管理

主数据管理是一系列规则、应用和技术，用以协调和管理与企业的核心业务实体相关的系统记录数据。主数据管理的关键活动包括：①理解主数据的整合需求；②识别主数据的来源；③定义和维护数据整合架构；④实施主数据解决方案；⑤定义和维护数据匹配规则；⑥根据业务规则和数据质量标准对收集到的主数据进行加工清洗；⑦建立主数据创建、变更的流程审批机制；⑧实现各个关联系统与主数据存储库数据同步；⑨方便修改、监控、更新关联系统主数据变化。主数据管理通过对主数据值进行控制，使得企业可以跨系统使用一致的和共享的主数据，提供来自权威数据源的协调一致的高质量主数据，降低成本和复杂度，从而支撑跨部门、跨系统数据融合应用。

主数据管理要做的就是从各部门的多个业务系统中整合最核心的、最需要共享的数据（主数据），集中进行数据的清洗和丰富，并且以服务的方式把统一的、完整的、准确的、具有权威性的主数据传送给集团单位范围内需要使用这些数据的操作型应用系统和分析型应用系统。

主数据管理的信息流如下。

（1）某个业务系统触发对主数据的改动。

（2）主数据管理系统将整合之后完整、准确的主数据传送给所有有关的应用系统。

（3）主数据管理系统为决策支持系统和数据仓库系统提供准确的数据源。

因此对于主数据的管理要考虑运用主数据管理系统实现，主数据管理系统要从建设初期就考虑整体的平台框架和技术实现。

5.4.3 参考数据

《DAMA 数据管理知识体系指南》一书中对参考数据的定义是“可用于描述或分类其他数据，或者将数据与组织外部的信息联系起来的任何数据”。这个定义可以说是比较抽象的，简单来说就是维度数据，大家平时理解的数据字典。该类型的数据的主要作用是用来增强数据的可读性和解释性，例如状态编码、性别、产品维度表、地理信息等维度数据。由此可见，参考数据的来源可能是内部产生或者外部手动采集获取到的（例如国际标准编码、行业标准）。参考数据的特点同维度表的特点，有慢维，也有快维。

各种代码表和描述表用于描述组织中的其他数据，或者仅用于将数据库中的数据与组织之外的信息联系起来，因此参考数据不易变化，它的数据集通常会比交易数据集或主数据集小，复杂程度低，拥有的列和行也更少。参考数据管理不包括实体解析。

主数据和参考数据一般来说就是两种不同类型的数据。从定义上来讲，主数据是代表业务对象的数据，由关键业务实体组成，包含了整个组织共享的最有价值的信息；而参考数据是定义其他数据字段使用的一组允许值的数据，包含了附加的文本描述，更像是数据字典。从范围上来讲，参考数据可以看作主数据的一种特殊子集，是仅用于表征组织中的其他数据或者仅将数据库中的数据与超出组织边界的信息联系起来的数据。参考数据提供了对创建和使用交易数据、主数据至关重要的关联环境。参考数据通常看起来比其他数据简单，其他类型的数据少，比其他形式的数据相对稳定，除了一些明显的例外情况。例如，ICD-9 分配给“心力衰竭”的代码是 428，描述心力衰竭的 ICD-9 代码的参考数据多种多样，如 428.1 代表左侧心力衰竭、428.2 代表收缩性心力衰竭。

5.5 数据集成

5.5.1 数据集成的定义

数据集成就是将若干个分散的数据源中的数据在逻辑或物理层面集成到统一的数据集合中。具体来讲，就是将不同来源、格式、性质的数据在逻辑或物理层面上有机地集成，通过一种一致的、精确的、可用的表示法，整合描述同一实体的不同数据，进而提供全面的数据共享，并经过数据分析、挖掘，产生有价值的信息。

5.5.2 数据集成的分类

根据数据集成的方式不同，可以将其分为传统数据集成、跨界数据集成和智能化数据集成。传统数据集成通过模式匹配、数据映射、冗余检测、数据合并等技术，通过统一模式访问将多个数据源集成起来。传统数据集成方式在商务智能等领域得到了广泛的应用。对于大数据而言，传统数据集成仍然发挥作用。

1. 传统数据集成

传统数据集成的主要目的是数据共享。数据可能来自不同的数据源系统，但均来自同一个域。传统数据集成最重要的内容就是将来自不同的数据源系统的数据匹配到目标模式下。其最重要的 3 种方法为：①联邦数据库系统；②中间件集成；③数据仓库集成。以下介绍前两种方法。

1）联邦数据库系统

联邦数据库系统（Federated Database System，FDBS）是多数据库系统中的一种，大约在 20 世纪 80 年代提出，主要目标是以透明的方式将多个自治数据库系统映射到单个联邦数据库中。构成联邦数据库的系统称为单元数据库系统（Component Database System，CDBS）。联邦数据库系统将分布在不同地理位置的单元数据库系统按不同程度进行集成，并从整体上提供控制和协同操作。

2）中间件集成

G. Wiederhold 最早给出了中间件集成方法的架构。1994 年斯坦福大学推出的 TSIMMIS 系统就是典型的中间件集成系统。中间件集成系统也经历了很长时间的发展。中间件位于数据源系统（异构的数据库、遗留系统、Web 资源等）和应用程序（服务调用接口、终端用户等）之间，向下协调各数据源系统，向上为应用层提供统一的数据模式和数据访问的通用接口。中间件几乎不会影响各数据源系统提供本地服务，其主要在高层次提供一个检索服务。与联邦数据库系统相比，中间件数据集成可以提供更丰富的可能性，可以支持集成结构化、非结构化和半结构化数据源。中间件集成也采用全局数据模式，通过在中间层提供一个统一的全局模式来隐藏底层数据实现细节，使得从用户的角度看，数据层的数据源整个构成了统一整体。因此，如何构造上层的全局模式并保证底层数据源的本地模式能正确映射为全局模式，是实现中间件集成的关键。

2. 跨界数据集成

跨界数据集成要处理的任务一般比较难，要对不同域相关联的数据进行集成，基于不同域产生的多个数据集中数据对象的隐含关联性融合数据，协同发现新知识。跨界数据集成的难度主要在于必须理解来自不同域的多模态数据。跨界数据集成主要分为以下3类。

1）基于阶段集成

基于阶段的集成在数据挖掘和数据分析的不同阶段使用不同的数据集。由于数据集是异步使用的，所以用在不同阶段的不同数据集可以是低耦合的，并不强求数据形式必须一致。例如在导航系统中，导航路径是图形化的，导航提示是语音，而道路信息提示是文字，虽然采用不同模态的数据集，但在知识层面上实现了集成。

2）基于特征集成

基于特征的集成是指基于表征学习等方法，从不同数据集中提取出原始特征再从中学习出新的特征，把这种新的特征应用于分类、预测等数据分析任务；也可以利用深度学习技术从不同的数据集中学习出具有强大表达能力的特征。

3）基于语义集成

基于特征的集成不关心每个特征的含义，仅仅把这种特征视为一个真实值或者绝对值。与基于特征的集成不同，基于语义的集成需要清晰地理解每个数据集的语义。我们要知道每个数据集代表什么、为什么不同的数据集可以融合、它们之间怎样相互增强特征。

在数据集成过程中，可从多种多样的数据集中提取许多能够帮助人们解决问题的特征。因此，这些特征是可以识别的且有价值的。关于同一个实体的不同数据集和不同特征的子集可以被视为一个实体的不同视图。例如，从不同的数据源训练之后的信息可以用来鉴定一个人的多种信息，如脸、指纹或签名等；一幅图可以通过不同的特征集合（如颜色等）表现。一方面，因为这些数据集描述相同的实体，它们之间存在潜在的相似性；另一方面，由于这些数据集是互不相同的，因此它们分别包含着独有的信息。所以，整合不同的视图可以更加准确、全面地描述一个实体。

3. 智能化数据集成

在大数据时代，丰富的数据极大地促进了各类智能化方法的发展。一方面，人们希望从海量数据中提取信息、提炼知识，并不断扩大知识的边界；另一方面，人们也希望能够在扩大数据量的同时为数据提供必要的保护。智能化的数据集成方法比较多，本节主要介绍常用的两种方法。

1）知识图谱融合

数字经济时代，人们期望机器具备理解知识的能力，以及能够理解知识的潜在语义信息。知识图谱是由实体和关系组成的多关系图，通过图结构来描述实体具有的各类属性和实体之间的多种联系，是一种结构化的知识表示方法。构建知识图谱的目的，就在于为人工智能技术赋能，让机器学习到知识的更多含义，从而具备一定的认知能力。

知识图谱通过规范化语义来汇聚知识，进而支持复杂关系数据的挖掘分析和推理。一方面，知识图谱可以被视为“大数据的提炼”，其记录了人们通过手工方法或自动化方法从数据中提炼出来的相对静态、稳定的知识；另一方面，知识图谱本身也可以被视为一类图结构数据，对其高效的应用离不开各类图数据处理算法。知识图谱的有效性会受其数据量和覆盖面的影响，数据量越大、知识的覆盖面越完整，为下游应用提供的信息就越充足。

2）联邦学习

联邦学习（Federated Learing）的概念于 2016 年由谷歌提出，其尝试不集成“源头”而直接集成“结果”，也就是联邦学习不直接集成数据，而是尝试基于加密机制，让参与方能够安全地交换模型训练的某些结果，不断迭代，最终完成整个大数据集的模型训练。

由于各参与方通常是业务关联的，因此其数据集之间可能有重叠的样本或重叠的特征。根据业务场景的不同和行列重叠程度的不同，联邦学习利用重叠样本或重叠特征的侧重各有不同，据此可以将其分为横向联邦学习（Horizontal Federated Learning）、纵向联邦学习（Vertical Federated Learning）与联邦迁移学习（Federated Transfer Learning）。三种类型联邦学习的特点如表 5-25 所示。

表 5-25 三种类型联邦学习的特点

类 型	适 用 场 景	集 成 方 式	目 标
横向联邦学习	特征重叠度较高而样本重叠度较低	横向切分，特征取交集，样本取并集	在保护数据的前提下，扩大样本量
纵向联邦学习	样本重叠度较高而特征重叠度较低	纵向切分，样本取交集，特征取并集	在保护数据的前提下，增加特征维度
联邦迁移学习	样本和特征重叠度都较低	引入迁移学习	在保护数据的前提下，将源任务上的结果迁移到目标任务

第6章 数据标准

6.1 业务术语

6.1.1 业务术语概述

由于业务应用领域较多，相关名词术语也较多，为了方便业务认识统一、行业内顺畅交流，需要对相关业务术语进行规范统一，以促进行业的健康和可持续发展；另外，在大数据技术和智能化技术融合背景下，产生了很多新的名词术语，也在概念上存在不同的表述，会导致在数据管理和使用等过程中对大数据的实质性内容认知不同，可能会影响到信息传导和业务需求的表达。因此，有必要统一业务术语相关概念，便于形成共识。

6.1.2 业务术语表管理

业务术语通常是通过业务术语表来管理的。业务术语表是在组织内部共享词汇的一种方式。业务术语表定义必须要清晰、措辞严谨，并解释任何可能的例外、同义词或者变体。业务术语表的批准人主要包括来自核心用户的代表。制定业务术语表的目的是记录和存储有关组织的业务概念、术语、定义，以及术语之间的关系。

1. 业务术语表的作用

制定业务术语表主要有以下目的。

（1）让组织成员对组织的核心业务概念和术语有共同的理解。

（2）降低由于对业务概念的理解不一致而导致数据误用的风险。

（3）改进技术资产（包括技术命名规范）与业务组织之间的一致性。

（4）最大限度地提高组织的搜索能力，并能够获得记录在案的组织知识。

业务术语表是数据治理的核心工具。业务术语表不仅仅是业务术语和定义的列表，其中还包括了每个业务术语同其他有价值的元数据的关联，包括同义词、度量、血缘、业务规则、负责管理业务术语的人员等。

2. 业务术语表的内容

业务术语表的构建需要满足以下 3 种核心用户的功能需求。

（1）业务用户（Business Users）：数据分析师、研究分析师、管理人员和使用业务术语表来理解术语和数据的其他人员。

（2）数据管理专员（Data Stewards）：数据管理专员使用业务术语表来管理和定义业务术语的生命周期，并通过将数据资产与业务术语表相关联来增强企业知识。

（3）技术用户（Technical Users）：技术用户使用业务术语表来设计架构、系统和开发决策并进行数据分析。

业务术语表中需要包括与业务相关的属性，需要有以下内容。

（1）业务术语名词、定义、缩写和简称，以及任何同义词。

（2）负责管理与业务术语相关的数据的业务部门或业务系统。

（3）维护业务术语的人员姓名和更新日期。

（4）业务术语的分类或分类之间的关联关系。

（5）需要解决的冲突定义、问题的性质、行动时间表。

6.1.3 业务规则管理

1. 业务规则概述

业务规则是指导企业开展业务的一组指令、指南和法规，可以用来确定在何种情况下应该采取什么行动，也可以用来防止某些行为的发生。

对数据治理而言，业务规则重要的是对数据库按特定要求施加某种形式的限制。对数据质量而言，业务规则描述了组织内有用的数据和可用的数据的存在形式；这些业务规则需要符合数据质量维度的要求，并用于描述数据质量。对于主数据管理，业务规则通常规定了主数据格式和允许的取值范围。主数据管理的业务规则包括匹配规则、合并规则、存活规则和信任规则。

2. 业务规则分类

一般情况下，业务规则分为以下 3 类。

（1）全局规则。这种规则通常与用例相关而不是与特定用例相关。例如，操作用例必须获得相应的授权，用例的操作与授权级别相关。对于这类规则，建议将它们写到用例的规范里，也可以写到软件架构文档中。

（2）交互规则。这种规则产生于业务场景中（例如，提交一份申请单时，要明确哪些数据是必须填写的、申请条件是否合适等），当然也包括业务流程流转规则（如采购大于 2 万元，需要总经理批准）等。这些规则建议写到用例规约中。还有前置条件和后置条件这两个比较重要的交互规则，即满足哪些条件才能启动用例、用例结束后会触发哪些事件。

（3）内禀规则。这种规则指业务实体本身具备的规则，并且不会因为与外部的交互而变化。例如手机号码为 11 位，身份证号码为 18 位，邮政编码为 6 位等。这类规则是业务实体的内在规则，建议写到物理模型文档中。

6.2 指标数据

指标数据是组织在战略发展、业务运营和管理、支持各领域业务分析过程中衡量某一个目标或事物的数据。指标数据一般由指标名称、时间、指标数值等组成。指标数据管理指组织对内部经营分析所需要的指标数据进行统一规范化定义、采集和应用，用于提升统计分析的数据质量。

指标数据管理是指通过对企业若干个核心和关键业务环节相互联系的统计数据指标的全面化、结构化、层次化、系统化的构建，满足企业对找指标、理指标、管指标、用指标的需要。

6.2.1 指标数据概述

指标数据是说明总体数据特征的概念，它体现企业的日常经营管理过程，反映企业的生产、经营、管理的状况和业务的发展水平。一般从业务属性、管理属性、技术属性等角度制定指标数据。指标数据的标准化是加强数据治理和管控中最基础的工作，通过指标数据标准化，可以得到数据的价值。

1. 指标定义及分类

指标一般用数据表示。一个完整的指标通常包含指标名称、定义、计算单位、计算方法、维度和指标数值等要素。

一般来说指标分为基础指标、复合指标和派生指标 3 类，如图 6-1 所示。

（1）基础指标是表达业务实体原子量化属性的概念集合，是可以直接对单一变量的明细数据进行简单计算得到的不可被进一步拆解的指标，如年龄、性别等。

基础指标具有以下特征。

① 指标计算规则中仅包含一个变量。

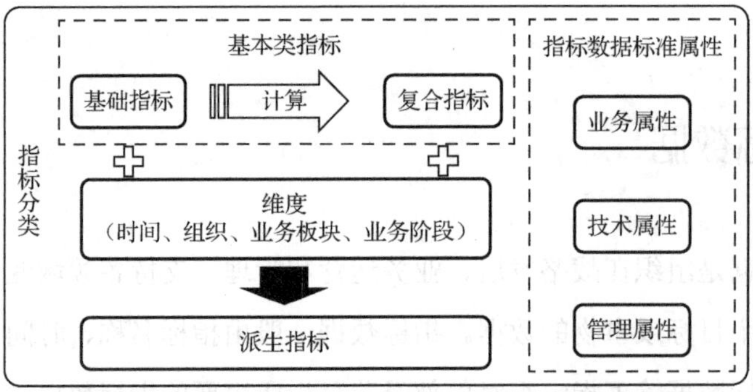

图 6-1　指标分类关系图

② 稳定性高，业务定义、计算公式和统计口径不易随业务管理视角的变化而频繁变化。

（2）复合指标是建立在基础指标之上，由若干个基础指标通过一定运算规则计算得到且在业务角度无法拆解的指标，如签约率、利润率等。

复合指标有以下 3 种类型。

① 由基础指标计算得到。

② 由基础指标与复合指标计算得到。

③ 由复合指标再度计算得到。

（3）派生指标是基础指标或复合指标与一个或多个维度值相结合产生的指标，如月计划调运量、月/日均销售量等。

派生指标具有以下两种类型。

① 由基础指标与维度组合得到。

② 由复合指标与维度组合得到。

2．数据指标模型

数据指标模型规定了数据指标的业务属性、技术属性和管理属性标准，可以被应用在企业报表编制、数据资产管理等相关领域。数据指标模型要根据数据管控需求和业务运营情况，先由业务人员填写数据指标的业务属性，再由技术人员在其基础上填写技术属性，管理属性一般由数据管理人员来填写。

1）业务属性

业务属性是指标数据在业务层面的定义，描述数据和企业业务相关联的特性，是对数据的业务含义的统一解释及要求。业务属性包括一级主题、二级主题、三级主题、指标名称、业务定义、处理逻辑、维度、基础计算单位、参考标准、统计频度、提报时间、指标类别等。

2）技术属性

技术属性是指标数据在技术层面的定义，描述了数据与信息技术实现相关联的特性，是数据在信息系统中实现统一的技术方面定义。技术属性包括数据类型、数据格式、数据源系统、数据源表名、数据源字段名等。

3）管理属性

管理属性是指标数据在管理层面的定义，描述了数据与数据管理相关联的特性，是数据管理在数据标准管理领域中的统一要求。管理属性包括指标编码、数据主责部门、标准管理部门、颁布日期、废止日期等。

3. 指标数据体系

指标数据体系是由一系列反映企业各方面既相对独立又互相关联的指标数据所组成的有机整体，其可以从各个侧面完整地反映现象总体或样本的数量特征，也就是对业务指标数据体系化的汇总，用来明确指标的口径、维度、取数逻辑等信息，并能快速获取到指标的相关信息。

为了将企业指标数据系统性地组织起来，合理体现指标数据的分类，企业可以依据其业务架构蓝图和数据架构蓝图，参照企业指标数据规范，将指标按照三级主题进行划分，并对其一级主题业务运营下的二级主题进行扩展，形成企业整体指标数据体系。其中，一级主题是对企业业务的高阶分类，依据企业的业务架构和数据架构，参照企业指标数据管理规范，由企业总部统一制定。例如战略发展、财务管理、人力资源管理等相关的一级主题。二级主题是对企业战略发展、业务运营、管理支持中持续产生价值、重复利用的数据作高阶抽象，参照企业的业务架构和数据架构，以及企业的指标库和指标管理规范，由企业总部统一制定，并扩展管理支持一级主题。例如可以设置财务管理、劳动薪酬管理、信息化管理、法务管理、综合管理等相关二级主题。三级主题是按照业务细分对二级主题的进一步细化，依据企业的业务架构和数据架构，参照企业的指标库和指标数据管理规范，由企业总部统一制定。例如在二级主题的财务管理下，可以设置应收、应付、总账、资金、成本等相关三级主题。

6.2.2 指标数据标准化的价值

指标数据标准化是加强数据治理和管控的基础工作，是保证数据一致性、实现数据共享的关键措施。通过指标数据标准的制定、发布、实施和监督，可以实现数据的规范、统一，全面提高企业的数据质量和数据资产价值。

指标数据标准化的价值体现在业务价值、技术价值和管理价值这三个方面，具体介绍如下。

1. 业务价值

（1）统一业务定义和口径，推动企业内的各部门达成共识。

在企业内，指标数据的生产、使用、管理往往不是同一部门。只有严格按照指标数据标准进行管理，才有可能满足各方的需求。实现对指标数据全流程管控既可以明确业务定义，也可以使业务部门之间、业务部门与技术部门之间达成共识、统一口径。

（2）消除数据孤岛，促进数据共享与业务创新。

当部门之间出现指标数据标准相互矛盾或者混淆的情况时，会导致部门之间的数据交换、数据共享比较困难。建立统一的数据指标标准有助于对数据指标进行规范的管理，消除各部门之间的数据壁垒，方便数据共享。

2. 技术价值

（1）消除跨系统的不一致性，为系统建设规划奠定基础。

通过指标数据标准的建设，可消除指标数据跨系统的不一致性，从根源上解决指标数据定义和使用的不一致问题，保证指标数据定义和使用的一致性，促进企业级单一数据视图的形成，促进信息资源的共享。

（2）提升企业的数据需求开发质量。

在数据需求开发管理的过程中，指标数据标准化的过程明确了数据填写及处理要求，规范了数据源，同时为数据管控方面提供了保障。因此，指标数据标准化将直接提升企业的数据需求开发质量，为企业的经营决策提供准确、全面的数据。

3. 管理价值

（1）为数据质量和数据安全提供保障。

统一的指标数据标准是提升数据质量的前提和基础。通过对指标数据标准的统一定义，明确指标数据的归口部门和责任主体，可以为企业的数据质量和数据安全提供基础的保障。如果指标数据出现质量问题，则无法进行原因分析，难以明确对应职责部门，很容易出现各部门之间相互推诿的情况，从而难以解决发现的问题。

（2）提升企业的数据分析与挖掘能力，支持管理层决策。

建立统一、标准的指标数据体系可以为企业中各种主题的数据分析提供支持，提升企业的数据处理和分析效率，以及提供指标数据的事前提示、事中预警、事后提醒，在企业中实现用数据驱动管理，让企业管理层能够在第一时间获取决策信息。

（3）企业数据资产管理和数字化转型的必经之路。

将经过处理的高质量数据资产统一管理，设计体系化的数据资产目录，提供全生命周期的管理，并建立各类业务应用的数据资产视图，可以方便数据的展示和数据共享，更好地支撑企业的经营决策、精细化管理。

6.3 数据标签

数据标签是应用数据的重要方法，建立数据标签标准，可以为全面实现组织内的数据流通奠定重要的基础，也是让数据要素发挥作用的基本条件。

6.3.1 数据标签概述

数据标签是一种用来描述业务实体特征的表示形式。通过标签对业务实体的刻画，可以从多个角度反映业务实体的特征。例如对用户可以从性别、年龄、地区、兴趣爱好、产品偏好等角度刻画。

对于用户来说，相关的数据包括用户基本属性、网站访问行为、购买行为、设备数据、评论数据等。其中用户基本属性、购买行为等属于结构化数据；网站访问行为、评论数据等则属于半结构化数据。这些数据被分布在许多的表或文件中，以及被存放在大数据平台中。

数据标签具有以下特点。

（1）数据标签结构极其简单，所有的数据标签都围绕业务实体展开，数据标签之间相互独立，非常容易管理。

（2）数据标签在分析型系统中产生，再被导入应用系统中使用。无论数据标签的计算逻辑和计算过程多么复杂，都不影响数据标签在应用系统中具有较高的访问效率。

（3）通过对不同的数据标签进行操作，可以进行数据筛选和分析。例如，通过性别、年龄和地区等数据标签筛选出具有不同特征的客户群体，再通过其他数据标签分析该客户群，就可得到该客户群的画像。

（4）数据标签作为一种清洗后的数据，可以直接作为机器学习模型训练时的输入数据，减少建模的准备时间。

正因为数据标签有这么多特点，使得很多大型企业的数据标签有上万个，有些互联网公司的数据标签数量更是达到了上百万个。

6.3.2 数据标签分类

数据标签分类可以遵循 MECE 原则（即 Mutually Exclusive，Collectively Exhaustive，“相互独立，完全穷尽”），也就是对于一个重大的议题，能够做到不重叠、不遗漏地分类，而且能够借此有效把握问题的核心并解决问题。每一个子集的组合都要能覆盖父集的所有数据。为便于管理，数据标签一般控制在 4 个级别比较合适。数据标签的分类如表 6-1 所示。

表 6-1 数据标签的分类

一级标签	二级标签	三级标签	四级标签	规则定义	标签类型
人口属性	基本属性	性别	性别-男	系统标注	事实标签
			性别-女	系统标注	事实标签
			性别-未知	系统标注	——
		年龄	年龄-××岁	系统标注	事实标签
		生日	生日-××	实名认证获取	事实标签
		星座	星座-××	根据生日/星座得到	事实标签
行为属性	上网习惯	终端类型	终端类型-Android	系统标注	事实标签
			终端类型-iOS	系统标注	事实标签
		活跃情况	活跃情况-核心用户	满足其中条件之一： ① 在过去 30 天内，发生 A 行为至少 3 次 ② 在过去 30 天内，发生 B 行为至少 3 次 ③ 在过去 30 天内，发生 C 行为至少 3 次	模型标签

续表

一级标签	二级标签	三级标签	四级标签	规则定义	标签类型
行为属性	上网习惯	活跃情况	活跃情况-活跃用户	满足其中条件之一： ① 在过去 30 天内，发生 A 行为 1~2 次 ② 在过去 30 天内，发生 B 行为 1~2 次 ③ 在过去 30 天内，发生 C 行为 1~2 次	模型标签
			活跃情况-新用户	从未进行与业务相关的操作： ① 行为 A ② 行为 B ③ 行为 C	模型标签
			活跃情况-老用户	账户开通以来发生以下行为之一： ① 发生 A 行为至少 1 次 ② 发生 B 行为至少 1 次 ③ 发生 C 行为至少 1 次	模型标签
			活跃情况-流失用户	术语老用户，但不符合以下条件之一： ① 在过去 30 天内，发生 A 行为 1 次 ② 在过去 30 天内，发生 B 行为 1 次	模型标签
			活跃情况-微信 48 小时活跃粉丝	符合微信活跃粉丝条件，在 48 小时内进行以下操作： ① 新关注粉丝 ② 点击自定义菜单 ③ 发送消息 ④ 扫描二维码 ⑤ 支付成功 ⑥ 用户维权	事实标签
用户分类	人群属性	年龄阶段	年龄阶段-“80 后”	出生时间：1980—1989	事实标签
			年龄阶段-“90 后”	出生时间：1990—1999	事实标签
		地区分布	地区分布-××	选择城市	事实标签
商业属性		电商业务	购买频度-高频用户	在过去 12 个月内，累计订单数超过 30 笔	模型标签
			购买频度-中频用户	在过去 12 个月内，累计订单数为 6~30 笔	模型标签
			购买频度-低频用户	在过去 12 个月内，累计订单数小于 6 笔且大于 0 笔	模型标签
			购买频度-新用户	至今累计订单数为 0 笔	模型标签

续表

一级标签	二级标签	三级标签	四级标签	规则定义	标签类型
商业属性		支付	支付频度-高频用户	在过去30日内，累计支付笔数大于150笔	模型标签
			支付频度-中频用户	在过去30日内，累计支付笔数为20～150笔	模型标签
			支付频度-低频用户	在过去30日内，累计支付笔数小于20笔	模型标签
			支付频度-新用户	至今支付笔数为0笔	模型标签
			消费订单比例-消费狂	消费订单比例高于60%或在过去30日内消费订单超过30笔	模型标签
			消费订单比例-消费达人	消费订单比例达到20%~60%或在过去30日内消费订单为10~30笔	模型标签
			消费订单比例-普通者	消费订单比例低于20%或在过去30日内消费订单低于10笔	模型标签
		充值	充值-充值新用户	至今未充值	模型标签
			充值-土豪	在过去12个月，累计充值超过1500元	模型标签
			充值-充值大户	在过去12个月，累计充值在200～1500元	模型标签
			充值-群众	在过去12个月，累计充值低于200元	模型标签
		优惠券	优惠券-敏感度高用户	在过去6个月，优惠券使用率超过50%	模型标签
			优惠券-敏感度中用户	在过去6个月，优惠券使用率在10%～50%	模型标签
			优惠券-敏感度低用户	在过去6个月，优惠券使用率低于10%	模型标签
		积分值	积分值-等级高用户	积分值超过×××分	模型标签
			积分值-等级中用户	积分值在×××～×××分	模型标签
			积分值-等级低用户	积分值低于×××分	模型标签

数据标签和数据元是管理和应用数据的基础。数据标签分类的目的是方便用户查找数据标签。数据标签分类的方式很多，大致可以分为按生成方式分类、

按业务主题分类、按技术特性分类、按使用情况分类。如果同一个数据标签有可能同时隶属于不同的分类，则可以从两个层面对数据标签进行管理：一是物理层面的管理，二是逻辑层面的管理。只有做好数据标签的管理，才能更好地促进数据生产要素的价值呈现。

6.4 数据分类分级

数据分类分级是企业数据资产管理的重要组成部分。通过数据分类分级管理，可以有效使用和保护数据，使数据更易于定位和检索，满足数据的风险管理，以及数据合规性和安全性等要求，实现对组织的商业机密、关键数据和个人数据的差异化管理和安全保护。

目前，《中华人民共和国网络安全法》《中华人民共和国数据安全法》《中华人民共和国个人信息保护法》均从法律层面对数据的分类分级保护提出要求。

（1）《中华人民共和国网络安全法》第二十一条提出，国家实施网络安全等级保护制度，针对数据采取数据分类、重要数据备份和加密等措施。

（2）《中华人民共和国数据安全法》第二十一条规定："国家建立数据分类分级保护制度，根据数据在经济社会发展中的重要程度，以及一旦遭到篡改、破坏、泄露或者非法获取、非法利用，对国家安全、公共利益或者个人、组织合法权益造成的危害程度，对数据实行分类分级保护。国家数据安全工作协调机制统筹协调有关部门制定重要数据目录，加强对重要数据的保护。

关系国家安全、国民经济命脉、重要民生、重大公共利益等数据属于国家核心数据，对这些数据实行更加严格的管理制度。

各地区、各部门应当按照数据分类分级保护制度，确定本地区、本部门以及相关行业、领域的重要数据具体目录，对列入目录的数据进行重点保护。"

（3）《中华人民共和国个人信息保护法》第五十一条指出，个人信息处理者应当根据个人信息的处理目的、处理方式、个人信息的种类以及对个人权益的影响、可能存在的安全风险等，采取措施确保个人信息处理活动符合法律、行政法规的规定，并防止未经授权的访问以及个人信息泄露、篡改、丢失。

数据分类分级各行业有不同的标准定义，下面以网络安全信息为例。按照 TC260-PG-20212A《网络安全标准实践指南——网络数据分级分类指引》标准，数据可以分为核心数据、重要数据和一般数据。按照数据一旦遭到篡改、破坏、泄露或者非法获取、非法利用，对个人、组织合法权益造成的危害程度，将一般数据从低到高分为 1 级、2 级、3 级、4 级共四个级别。如表 6-2 所示。

表 6-2　数据分类分级情况及其定义

类型	分级	定　义
核心数据		一旦遭到篡改、破坏、泄露或者非法获取、非法利用，会对国家安全产生一般危害、严重危害，会对公共利益造成严重危害的数据
重要数据		一旦遭到篡改、破坏、泄露或者非法获取、非法利用，会对国家安全产生轻微危害，会对公共利益造成一般危害、轻微危害的数据
一般数据	1 级数据	数据一旦遭到篡改、破坏、泄露或者非法获取、非法利用，不会对个人合法权益、组织合法权益造成危害。1 级数据具有公共传播属性，可对外公开发布、转发传播，但也需考虑公开的数据量及类别，避免由于类别较多或者数量过大被用于关联分析
	2 级数据	数据一旦遭到篡改、破坏、泄露或者非法获取、非法利用，可能对个人合法权益、组织合法权益造成轻微危害。2 级数据通常在组织内部、关联方共享和使用，相关方授权后可向组织外部共享
	3 级数据	数据一旦遭到篡改、破坏、泄露或者非法获取、非法利用，可能对个人合法权益、组织合法权益造成一般危害。3 级数据仅能由授权的内部机构或人员访问，如果要将数据共享到外部，需要满足相关条件并获得相关方的授权
	4 级数据	数据一旦遭到篡改、破坏、泄露或者非法获取、非法利用，可能对个人合法权益、组织合法权益造成严重危害，但不会危害国家安全或公共利益。4 级数据按照批准的授权列表严格管理，仅能在受控范围内经过严格审批、评估后才可共享或传播

6.5 数据质量管理

6.5.1 数据质量概述

数据质量不高将导致数据仓库应用程度不高。低下的数据质量往往造成开发出来的系统与用户的预期大相径庭。数据质量关系建设有关分析型信息系统成败，同时数据资源是集团单位的战略资源，合理有效地使用正确的数据能指导集团单位做出正确的决策，提高其综合竞争力。不合理地使用不正确的数据（即数据质量差）可导致决策的失败，正可谓差之毫厘、谬以千里。

数据质量管理包含对数据的绝对质量管理、过程质量管理。绝对质量即数据的真实性、完备性、自治性是数据本身应具有的属性。过程质量即使用质量、存储质量和传输质量。数据的使用质量是指数据被正确地使用，再正确的数据，如果被错误地使用，就不可能得出正确的结论。数据的存储质量是指数据被安全地存储在适当的介质上，所谓“存储在适当的介质上”是指当需要数据的时候能及时方便地取出。数据的传输质量是指数据在传输过程中的效率和正确性。

数据质量通常从以下几个角度来进行描述。

（1）数据精确性。是指数据集中的每个数据都能准确地描述现实世界中的实体，即不存在模糊或近似，在转换、分析、存储、传输、应用流程中不存在错误。但有时候数据精确性也是相对的，在很多场景下很难做到绝对精确。例如某城市人口数量为 4 130 465 人，而人们实际讲的时候只说到 4 130 000 人就可以了。因此，数据的精确性是相对的，在很多场景下很难做到绝对精确。

（2）数据完整性。是指数据集中包含足够的数据来支持各种查询和计算，即不存在数据或记录的缺失。例如我们在诊断一些病例的时候，虽然各项数据都比较精确，但由于缺失了患者遗传因素和既往病史，这种不完整性就会导致不正确的诊断甚至会出现严重医疗事故。

（3）数据一致性。是指数据集中的每个数据在语义表达上是一致的，即不存在语义错误或自相矛盾的情况。体现在整个数据库的语义和规则定义，确保数据在使用的整个过程中是一致的。

（4）数据时效性。是指数据集中的每个数据都能够正确地描述当前时刻的数据对象，即不存在过时、失效的数据。衡量指标是在指定的数据与真实的业务情况同步的时间容忍度内，即指定的更新频度内，及时被刷新的数据的百分比。数据变更要及时更新，确保数据的有效性和精确性。

（5）实体同一性。是指同一实体的标识在所有数据集中必须相同，语义表达必须一致。例如企业的销售系统、采购系统、客户管理系统以及客服系统中，表示客户的实体在不同的系统中表示不一致，就会存在大量具有差异性的重复数据，导致实体表达混乱，进而导致数据分析结果有误。

在数据治理过程中，由于数据质量各维度的划分和定义还没有形成统一的标准，对同一个维度的定义也不尽相同。表 6-3 列举了数据质量的多种维度的描述。

表 6-3 数据质量的多种维度的描述

序 号	维 度	描 述
1	流通性	数据的实时程度，描述数据何时进入数据仓库
2	可访问性	数据是否可用，或者是否能被检索到
3	规范性	衡量数据标准、数据模型、商业数据和参考数据的存在性、完整性、质量及文档记录是否合规
4	声誉度	数据在来源和内容方面被重视的程度
5	安全性	数据获取权限的限定范围可确保其安全的程度
6	可信性	数据真实可信的程度
7	客观性	数据是不是公正的、公开的、无偏见的
8	有用性	数据对当前工作的适用性和贡献度
9	有效性	数据能够满足用户准确完整地实现目标功能的程度
10	解释性	数据有适当且定义明确的语言、符号和单位的程度
11	易用度和可维护性	数据易于被获取，且数据易于被更新、维护和可管理的程度

续表

序　号	维　度	描　述
12	可靠性	在特定条件下，能保持某个性能等级的程度
13	完备性	衡量数据的存在性、有效性、结构良好性及其他基本特性的指标
14	可用性	在物理上数据可利用的程度
15	交易度	数据能够产生商业交易或结果的程度
16	覆盖率	有效且完整的数据占总体数据的比率
17	简洁度	数据被简洁表示的程度（简洁、完整、切题）
18	易变性	数据在现实世界有效的时间段长度

数据质量管理的规划和实施包括以下内容。

（1）数据质量管控体系的建立，包括数据质量的评估体系，定期评估数据质量状况。

（2）在部门各个应用系统中的落实，包括每个应用系统中的数据质量检查等。

（3）在最开始建立数据质量管理系统的时候，借助数据治理平台，通过建立数据质量管理的规则来集中化地建立数据质量管理系统，发现问题并持续改进。

（4）将数据质量管理与业务稽核相结合，通过业务规则的稽核来发现数据质量深层次的问题，将数据质量与业务一线结合起来，使业务人员对数据质量问题有更加清晰和明确的认识。

完善的数据质量管理是保障各项数据治理工作能够得到有效落实，达到数据准确且完整的目标，并能够提供有效的增值服务的重要基础。

6.5.2　数据质量评价

在数据管理过程中，数据质量评估已经成为研究的热点之一。国内外研究者已经从不同角度进行了大量的研究。下面主要对数据质量中比较重要的 5 个维度，即数据一致性、数据完整性、数据时效性、数据精确性和实体同一性的评估进行简要阐述讨论。

1. 数据一致性评估

数据一致性评估是为了保证数据不违背特定场景下的语义约束。对数据一致性的评估就是要了解数据集中究竟有多少数据的表述是不存在矛盾的。数据一致性往往是与特定的场景有关系的，它非常依赖于特定的领域知识，如此才能更好地识别出相关实体表达内容的一致性。

领域知识通常可以用规则或约束的形式表示。数据库中最常见的函数依赖（Functional Dependency）就是典型的可用于数据一致性评估的规则。例如，“邮编→城市”的函数依赖关系，意味着数据集中如果某两条记录的邮编相同，那么城市就一定是相同的，否则，就出现了数据不一致的质量问题。

函数依赖仅能检查到数据中的部分不一致性，很多数据一致性问题无法通过函数依赖表达和检测。条件函数依赖（Conditional Functional Dependency）可以表示部分数据上的数据依赖关系。条件函数依赖与函数依赖非常接近，可以看作函数依赖的扩展。其基本的表示形式为：

$$(X \rightarrow Y, T_p)$$

其中 X 和 Y 是两个属性子集，$X \rightarrow Y$ 是标准的函数依赖，T_p 是关于 X 和 Y 的模式表（Pattern Tableau），用于约束 X 和 Y 的取值。

图 6-2 所示为一个条件函数依赖的例子。函数依赖 φ 指明了“员工”“部门”“项目”属性之间的关系，其中“[员工，部门]→[项目]”是一个普通的函数依赖，模式表 T_p 表明了只有在“部门”为 A 的时候这三个属性才受到该依赖的约束。也就是说，只有当“部门”属性值为 A 时，员工属性值才可以决定项目属性值。该约束表达的语义就是“部门 A 的员工都在唯一的项目中”。这样就有，不在部门 A 的员工存在于两个或两个以上的项目中，如果发现一个员工对应了两个项目，则说明数据中存在不一致性。

φ：（[员工，部门]→[项目]，T_p）

T_p：员工	部门	项目
	A	

图 6-2 条件函数依赖举例

由于条件函数依赖可以表达函数依赖所不能表达的语义，所以可以用来发现函数依赖不能发现的数据不一致性错误，从而更精确地评估数据一致性。基于不一致数据的比例，可以完成对数据一致性的评估。

2．数据精确性评估

数据精确性评估是为了保证数据能够准确地描述对应实体。数据精确性评估主要考察数据相对于某个标准是否能足够准确地描述对象。数据精确性一定要建立在所描述的业务场景或业务对象上才有意义。数据精确性要有明确的评价标准。例如某单位销售收入情况要以“万元”为单位并精确到小数点后 2 位，那么本月销售收入 1 537.56 万元就比 1 538 万元表述得要精确。

数据精确性评估需要按照精确度要求，扫描数据集中所有存在不符合精确度要求的数据量，并以符合精确度要求的数据的百分比作为最后的精确度评估结果。很多情况下，导致数据不精确的原因未必全是数据质量问题，而与具体的应用值要求有关。

关于数据精确性，学者对来源不同但语义相同的属性值之间的精确性偏序关系进行了研究，并给出了数据精确性规则的语法和语义，用于度量、检测和修复数据精确性的问题。

3．数据完整性评估

数据完整性评估是为了保证数据中不存在缺失值。在最简单的情况下，可以直接对数据集进行扫描，检查数据缺失的比例，完成数据完整性评估。数据集 D 的完整性评估公式为：

$$1-\frac{\text{count(NULL)}}{|D|}$$

其中，$|D|$ 是 D 中数据项的个数，count(NULL) 是 D 中为 NULL 的数据项个数。

上述评估方法中，有以下两种情况并不表示数据缺失。

（1）数据值本身应该为空。例如，婚姻状态是“未婚”，配偶属性就应该为空值。

（2）数据虽然缺失，但可以通过其他手段正确填补。这种情况通常利用数据之间的关系来填充缺失值。例如邮编和城市的对应关系、身份证号码与生日的关系等。对于这种情况，可以先尝试补全缺失数据，然后进行完整性评估，以免低估数据完整性。另外，也可以引入语义规则，通过前面数据一致性评估中讨论的函数依赖或条件函数依赖来进行补充。

数据完整性评估需要满足封闭世界假设。所谓封闭世界假设是指“非已知的事物都为假”的假设，在数据完整性评估中，可以理解为“所有应该存在的记录都包含于当前数据集”。因此，我们对数据完整性进行评估只限于对当前数据集来做数据完整性度量即可。

包含依赖也是数据完整性评估的一种可取的方法。包含依赖通常表示关系之间的关系（也可以理解为不同的数据集之间的关系）。例如，根据包含依赖关系，我们可以判定采购商品和销售商品之间的数据关系，如果销售商品在采购商品中没有出现，我们就可以确认采购商品有数据缺失。

条件包含依赖是对包含依赖的扩展，与条件函数依赖有些类似，在规则两端增加了取值条件，因此可以适用于更多的应用场景。条件包含依赖作为数据质量约束可以表示多表之间数据的部分依赖关系，一方面可以衡量数据的一致性，另一方面对数据完整性评估也发挥重要的作用。

4．数据时效性评估

数据时效性是为了保证数据与时俱进，不至于使数据从优质数据变为劣质数据，而使我们在利用数据的时候造成不准确的应用。因此，我们要充分利用时间戳做好对数据时效性的评估。一般情况下，数据表中的数据会有创建时间、有效期、生命周期等，我们可以通过时间戳来统计数据库中过时失效的数据，从而对数据时效性进行评估。但很多情况下，完整、可用、精确的时间戳往往无法获取，或者获取代价很高。很多数据由于数据集成、数据演变、数据格式转化等原因，使得数据语义也不能有效统一，时间戳可能缺乏及时有效的维护而变得不可用或不精确。对于数据时效性的评估有必要探索不依赖于时间戳的评估方法。这里我们将数据时效性分为两类：绝对时效性和相对时效性。绝对时效性可以对给定的数据库形式化地评估单个数据项、元组及数据库整体的时效性；相对时效性则是针对数据库的特定查询或分析需求，度量数据库相对于查询或特定分析需求的时效性。下面介绍这两类数据时效性的评估方法。

1）绝对时效性评估

绝对时效性评估主要是对于给定时刻（通常指当前时刻），判定数据库中的值、记录、数据集等是否过时失效，在无法精确判定是否过时的情况下，尝试量化其过时失效的程度、可能性或确定性。基于时间戳的绝对时效性判定方法有一定的局限性，而基于规则来判定数据时效性将会成为可能。这种判定规则通常由领域专家给出或从数据集挖掘产生。

例 6-1 某公司员工小张在 2007 年入职后，到 2019 年曾经领过工资 6 000 元 8 000 元。公司基本上是按照工资逐年递增的情况发放，且在 2009 年之前入职的员工在 2019 年能拿到 9 000 元。小张现在的工资可能是多少？

解：根据公司的工资政策“只升不降”的原则，8 000 元可能是小张较新的工资。又知道，2009 年之前入职员工在 2019 年已经涨到 9 000 元，小张是 2007 年就入职了，可知 8 000 元也不是小张的最新工资，应该是 9 000 元以上了。

以上可以形式化表示成如下两条规则。

规则 1：$\forall e_i,\ e_j(e_i[\mathrm{ID}]=e_j[\mathrm{ID}]\wedge e_i[\mathrm{Salary}]<e_j[\mathrm{Salary}]\rightarrow e_i\prec e_j^{\mathrm{Salary}})$；

规则 2：$\forall e_i(e_i[\mathrm{EntryTime}]\prec 2009\wedge e_i[\mathrm{Salary}]<9000\rightarrow e_i\prec 2019^{\mathrm{Salary}})$。

其中，符号 $\prec$ 定义了属性值之间或属性值和时刻之间的新旧关系。$e_i\prec 2019^{\mathrm{Salary}}$ 表示数据记录 e_i 的 Salary 属性值相较于时间 2019 年要旧。

通常我们可以使用属性值时效性的平均作为其时效性的评估结果。数据记录 e 的时效性记为 $\mathrm{cur}(e)$，则其值等于 e 的所有数据项的时效性的平均，即

$$\mathrm{cur}(e)=\frac{1}{m}\sum_{A}\mathrm{cur}(e_i[A])$$

其中 m 是属性的个数。数据集 D 的时效性记为 $\text{cur}(D)$，其值等于 D 中所有数据记录的时效性平均，即

$$\text{cur}(D)=\frac{1}{|D|}\sum_{e\in D}\text{cur}(e)$$

其中 $|D|$ 表示 D 中数据记录的个数。

2）相对时效性评估

相对时效性评估主要是针对特定应用场景的时效性评估。对于用户关心的某些重要查询信息的时效性，绝对时效性可能无法直接判定，这时我们就可以通过某些局部信息，来评估特定集合的相对时效性。

我们可以根据时效性评估要参考的对象对数据时效性做进一步分析。将数据相对于查询的时效性称为查询相关时效性；将数据相对于用户的时效性称为用户相关时效性。

例 6-2 对于查询 Q，在进行时效性评估时，我们可以对其进行抽象，将 Q 涉及的实体记为 e_Q，Q 涉及的属性集合记为 Attr_Q。对于 Attr_Q 中的任意属性 A_i，记录集合 T_{A_i} 称为 A_i 相对于 Q 的最新记录集合，对于 $\forall t\in T_{A_i}$，记录 t 满足下述两个条件：

（1）$t[\text{EID}]$等于 e_Q 的 ID；

（2）不存在记录 S，使得根据 R 在 A_i 上的时效约束能够推出 $t\prec A_i^S$。

理想情况下 $|T_{A_i}|=1$，表示我们能够找到唯一的最新解。但实际上，由于数据不完整、数据冗余及知识不完备等原因，可能找到不止一个的最新解的候选值，如何找到最新解？

解：设 T_{A_i} 中的记录共有 $\text{cnt}(T_{A_i})$ 种不同的 A_i 值。

查询 Q 在 A_i 上的最新值的确定度可以表示为 $\dfrac{1}{\text{cnt}(T_{A_i})}$，根据 Attr_Q 中的所有属性，可知 Q 的时效性为

$$\text{cur}_Q=\frac{1}{\text{Attr}_Q}\sum_{A_i\in\text{Attr}_Q}\frac{1}{\text{cnt}(T_{A_i})}$$

5．实体同一性评估

实体同一性描述同一实体的数据是一致的。实体同一性评估和数据一致性评估有时候容易混淆，实际上二者的关注点还是有些不同的。数据一致性评估关注数据集在整体上是否存在不一致数据，而实体同一性评估则专门关注同一实体的描述信息中是否存在矛盾。如表 6-4 所示，描述同一实体的两条记录中存在两条关于张三的记录，通过身份证号相同，我们可以判断是同一个人，但性别不同，这就出现了实体同一性问题。我们继续查找发现数据集中针对张三的描述共存在两处矛盾：①性别不同；②生日不同。

表 6-4　描述同一实体的两条记录

序　号	姓　名	身 份 证 号	性　别	出 生 日 期	职　务
1001	张三	110108196511012356	男	1965-11-01	厂长
……	……	……	……	……	……
1102	张三	110108196511012356	女	1965-11-10	厂长

考虑张三这 6 个属性中存在两处矛盾，如果简单用数据一致性的比例来定义实体同一性，则实体同一性评估结果为$1-\frac{2}{6}=\frac{2}{3}$。

如果对张三记录进行修复，那就会影响实体同一性的评估结果。因为张三的身份证号一致，根据我国居民身份证的编码规则，身份证号的第 7～14 位表示出生日期，身份证号的倒数第 2 位为奇数表示男性，为偶数表示女性。这样我们就可以确定记录中张三的生日是“1965-11-01”并且性别为“男”。对数据进行修复后，再评估实体同一性其结果就成为了 1。实体同一性的评估效果很大程度上依赖于我们是否能够准确判断哪些记录属于同一实体。

6.5.3 缺失值填充

1．缺失值

在数据库设计或使用的过程中，属性值缺失比较常见。数据采集时可能漏采、传输时可能丢失、共享时可能被隐去，因此，在很多情况下，信息系统中的数据都存在某种程度的缺失。

缺失值产生的原因是多方面的，下面主要归纳几种。

（1）数据得不到：在数据采集的过程中，有些数据由于系统延时导致获取失败，或者由于权限、隐私保护等原因，数据难以获取。这些得不到的数据造成了数据的缺失。

（2）数据采集的侧重点不同：考虑时间、成本等方面的因素，在采集数据时，会对数据的重要性有所权衡，有些采集代价较高但作用较小的数据可能会被忽略，进而就会造成某些属性值缺失。

（3）数据在流动过程中丢失：信息系统在使用过程中，可能被修改、转移或共享，在数据流动过程中，由于技术、制度、流程、操作等原因，一些数据可能丢失，进而体现为信息系统中的数据缺失。

从以上数据缺失的原因来看，数据缺失的方式大致可以分为以下 3 类。

（1）完全随机缺失：缺失值与当前信息系统中的其他值无关。

（2）完全依赖缺失：缺失值与当前信息系统中的某些值有完全依赖关系。例如，“邮编”与“城市”和“街道”的依赖关系。

（3）部分依赖关系：缺失值与当前信息系统中的某些值有依赖关系，但是这种依赖关系是部分的或者有概率的。例如“学号”与“院系”的关系。

2. 缺失值处理方法

缺失值处理方法基本上可以分为 3 类：①删除；②填充；③忽略。忽略比较好理解，下面主要讨论填充。

对于记录里某些重要缺失值的填充，常用的方法有以下几种。

（1）重新采集：所谓重新采集，就是通过之前使用过的数据采集手段重新采集数据。这种方式适合数据采集代价较低，且可以复现的场景。

（2）默认值填充：这是一种较为常见的自动填充方法。通常将缺失值填充为“NULL”“0”“+∞”“ −∞ ”等。但随着大数据分析的日益盛行，有些时候完全使用默认值填充可能会造成一些严重问题。美国曾经报道过，有人因为将自己的车牌自定义为“NULL”（美国允许使用自己定义的车牌）而接到了天价罚单。

（3）统计填充：通过统计方法来填充数据。例如，如果我们对某些数据的分布有先验知识，那么就可以根据分布选择概率较大的值进行填充。简单的填充方法包括使用平均数、中位数、众数、最大值、最小值等进行填充，也有一些稍微复杂的填充方法。例如，对于数值型的属性来说，可以直接使用未缺失属性的平均值对其进行填充，对于非数值型的属性来说，可根据统计学中的众数原理，用该属性在其他所有对象出现频率最高的值来补齐缺失的属性值。

（4）热卡填充（或就近补齐）：对于一个包含空值的对象 o，在数据库中找到一个与它最相似的对象 o′，然后用 o′ 的值来填充 o 的对应位置的值。具体的相似度根据实际应用场景有不同的定义，表 6-5 给出了一些常见的相似度定义的例子。这种填充方法采用了一个潜在的假设，即“完整部分相似的对象在缺失部分也相似”，因此，如果要使用这种方法填充，必须保证该假设是成立的，所以还需要研究属性的语义，综合考虑属性之间的相关程度，使用相关的属性来辅助完成填充。

表 6-5　常见的相似度定义举例

序　号	相 似 度	计 算 公 式
1	欧几里得距离	$d(x,y)=\|x-y\|=\left[\sum_{i=1}^{n}(x_i-y_i)^2\right]^{1/2}$
2	余弦相似度	$\cos(x,y)=\frac{x'y}{\|x\|\|y\|}=\frac{x'y}{[(x'x)(yy')]^{1/2}}$
3	相关系数	$r(x,y)=\frac{(x-\bar{x})'(y-\bar{y})}{[(x-\bar{x})'(x-\bar{x})(y-\bar{y})'(y-\bar{y})]^{1/2}}$
4	指数相似系数	$e(x,y)=\frac{1}{n}\sum_{i=1}^{n}\exp\left[-\frac{3}{4}\frac{(x_i-y_i)^2}{\delta_i^2}\right]$

续表

序　号	相 似 度	计 算 公 式
5	编辑距离	将一个字符串变为另一个字符串所需的最小操作步骤，可选的操作有插入、删除、替换
6	皮尔逊相关系数	$\rho_{(X,Y)}=\frac{\mathrm{cov}(X,Y)}{\sigma_X\sigma_Y}=\frac{E[(X-\mu_X)(Y-\mu_Y)]}{\sigma_X\sigma_Y}$

（5）期望最大化：EM 算法是一种在不完全数据情况下计算极大似然估计或者后验分布的迭代算法。在每一次迭代循环过程中交替执行两个步骤——E 步和 M 步，算法在 E 步和 M 步之间不断迭代直至收敛，即在两次迭代之间的参数变化小于一个预先给定的阈值时结束。该方法可能会陷入局部极值，收敛速度也不快，并且计算很复杂。E 步和 M 步的大致作用如下。

E 步（期望步）：在给定完全数据和前一次迭代所得到的参数估计的情况下，计算完全数据对应的对数似然函数的条件期望。

M 步（极大化步）：用极大化对数似然函数确定参数的值，并用于下一步的迭代。

（6）预测填充：通过对现有数据建模，预测缺失位置可能的值，用预测结果来填充缺失值。这种方法比较复杂，但取得的效果也比较好。预测填充和统计填充在某种程度上存在重叠，因为其同样依赖于数据类型和数据分布。

6.6 数据安全管理

数据安全是信息化安全的重要组成部分，也是数据治理过程中的核心内容。数据安全管理指通过计划、制定、执行相关安全策略和规程，确保数据和信息资产在使用过程中有恰当的认证、授权、访问和审计等措施。有效的数据安全策略和规程要确保合适的人以正确的方式使用和更新数据，并限制所有不适当的访问和更新数据行为。

6.6.1 数据生命周期的数据安全管理

数据生命周期包括数据的采集、传输、存储、使用和共享等多个阶段，每一个阶段都会面临各自不同的数据安全威胁，如图 6-3 所示。

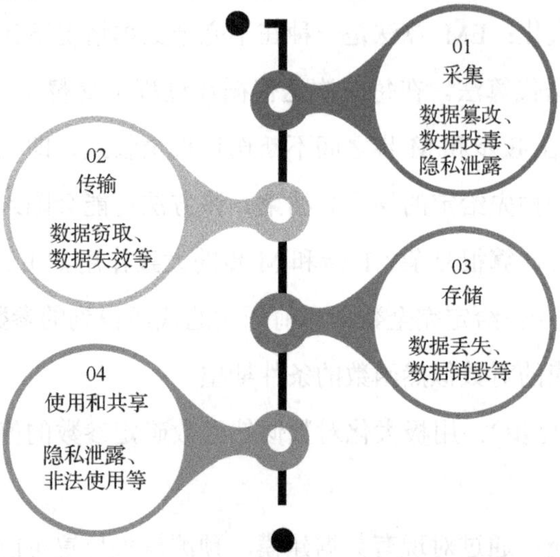

图 6-3　数据生命周期各阶段的数据安全威胁

对不同类型和用途的数据来说，其生命周期各个阶段采用的技术不同，面临的数据安全威胁也各不相同。

在采集阶段，常见的数据安全威胁包括数据篡改、数据投毒、隐私泄露等。如果采集器不能被有效验证，那么其可能会篡改采集到的数据。在物联网中，通过传感器采集到的音视频、传感数据等经常有用户个人隐私泄露等情况。

在传输阶段，常见的数据安全威胁包括数据窃取、数据失效等。攻击者可以通过手机内置加速度传感器采集手机扬声器所发出声音的振动信号，对用户语音进行窃取。还有就是在信道不稳定的情况下，数据在传输过程中可能会失效。

在存储阶段，常见的数据安全威胁包括数据丢失、数据销毁等。现在用户数据如果托管或存储在云服务器中，如果不采用备份、恢复等应急机制，一旦云服务出现系统灾难，就可能会造成数据丢失的情况。

在使用和共享阶段，常见的数据安全威胁包括隐私泄露、非法使用等。许多 App 等个性化应用为了提供更好的服务，必须要采集用户的个人隐私信息。数据共享要在用户访问权限的控制下进行，并对敏感数据进行脱敏处理。

6.6.2 统一身份认证

统一身份认证是面向工业互联网的多个应用系统，提供集中、统一的安全认证服务，形成统一的、高安全性的身份验证中心。其支持用户名/口令、PKI/CA 数字证书等多种不同强度的用户身份认证方式，提供集中的数字身份管理、认证、授权、审计的模式和平台，从而实现对企业数据资产统一的身份认证、授权和身份数据的集中管理与审计。

统一身份认证系统需要具备以下基础功能。

（1）建立基于实名制的统一、权威的用户身份数据源，实现用户数据全生命周期管理，消除账号分散管理，避免因没有统一身份管理策略和强密码策略所面临的风险。

（2）建立集中、高强度的安全认证中心，以统一的安全认证策略和技术保障用户认证安全。

（3）建立应用接入规范和标准，支持当前主流的认证协议和认证技术，支持异构应用集成。

（4）建立或者接入现有审计平台，提供事后追溯甚至事中监控、报警乃至阻断的能力。

（5）除此之外，统一身份认证系统应具备灵活的配置和一定的扩展能力，能够和第三方身份认证、审计平台进行整合，便于降低实施成本。

统一身份认证系统应对用户、应用、应用账号的登录、单点及管理等操作进行集中的日志记录，提供基本的安全审计和常用报表功能。

6.6.3 数据脱敏

数据脱敏（Data Masking）是指对敏感属性（如个人身份识别信息、商业机密数据等）进行数据变形处理，使恶意攻击者无法从经过脱敏处理的数据中直接获取脱敏属性的取值，从而实现对机密数据及隐私的保护。例如，对手机号码或身份证号码进行脱敏处理，在许多业务领域有着非常广泛的应用。

数据脱敏的方法有很多，表 6-6 中的数据失真和数据加密都可以用于数据脱敏。此外，还有数据置换，即使用可逆的置换算法，使数据兼具可逆和保证业务属性的特征，可以通过位置交换、表映射、算法映射等方式实现。

表 6-6　隐私保护技术对比

技术名称	主要优点	主要缺点
数据失真	计算开销小，实现简单	数据丢失；根据实际数据设计不同的算法，对数据有依赖性
数据加密	数据真实、无缺损；隐私保护效果好	计算开销大；部署复杂，实际应用难度较高
数据匿名化	适用于各类数据、众多应用，通用性高；数据真实有效；实现简单	有数据缺损和隐私二次泄露的可能；匿名算法相对开销较大

根据脱敏方式的不同，数据脱敏可分为静态数据脱敏（Static Data Masking，SDM）和动态数据脱敏（Dynamic Data Masking，DDM）。静态数据脱敏是指在数据存储时脱敏，存储的是脱敏数据，一般用在非生产环境，如开发、测试、外包和数据分析等环境。动态数据脱敏是指在数据使用时脱敏，存储的是明文数据，一般用在生产环境，可以实现让不同用户拥有不同的脱敏策略。常见的数据脱敏方法如表 6-7 所示。

表 6-7　常见的数据脱敏方法

名称	描述	示例
掩码	利用“.”“×”等符号遮掩部分信息，并且保证数据长度不变，容易识别出原来的信息格式，常应用于身份证号、手机号等	13812345678→138××××5678
取整	向上取整或向下取整	29→30，3256→3000

续表

名　称	描　述	示　例
置换	使用可逆的置换算法，使数据兼具可逆和保证业务属性的特性，可以通过位置变换、表映射、算法映射等方式实现	Alice→user1，Bob→user2
截断	舍弃某些必要信息保证数据的模糊性，但对使用者不够友好	中国首都北京→中国
加密	利用加密算法改变数据，其安全程度取决于具体的加密算法	13812345678→X7T8RTYsdfjhlk&

6.6.4 数据加密处理

1. 对称加密

对称加密（也称私钥加密）指加密和解密使用相同密钥的加密算法，有时又称为传统密码算法，即加密密钥能够从解密密钥中推算出来，同时解密密钥也可以从加密密钥中推算出来。常见的对称加密算法有 SM1、SM4、DES、3DES、Blowfish、IDEA、RC4、RC5、RC6 和 AES 等。对称加密的优点在于高效，且密钥较长时难以破解。

SM 算法是国密算法。国密算法即国家密码局认定的国产密码算法。SM 算法主要有 SM1、SM2、SM3、SM4，其中 SM1 为对称加密算法，其加密强度与 AES 算法相当，但该算法不公开，在调用该算法时，需要通过特定的加密芯片的接口进行调用；SM4 为对称加密算法；SM3 为信息摘要算法；SM4 算法的特点是密钥长度和分组长度均为 128 位。虽然密钥长度与 DES 算法类似，但 SM 算法的加密强度能与 AES 算法媲美。国密算法应用比较广。

2. 非对称加密

非对称加密算法需要两个密钥，即公开密钥（Public Key，公钥）和私有密钥（Private Key，私钥）。公开密钥和私有密钥是一对，如果用公开密钥对数据进行加密，那么只有用对应的私有密钥才能解密；如果用私有密钥对数据进行加密，那么只有用对应的公开密钥才能解密。因为加密和解密使用的是两个不同的密钥，所以这种算法被称为非对称加密算法。对称加密算法在加密和解密时使用的是同一个密钥，而非对称加密算法需要使用两个密钥进行加密和解密，这两个密钥即公开密钥和私有密钥。

RSA 公钥加密算法是目前最有影响力的公钥加密算法之一，它能够抵抗到目前为止已知的绝大多数密码攻击，已被 ISO 推荐为公钥数据加密标准。

6.6.5 隐私计算

隐私计算（Privacy-Preserving Computation）是一套包含人工智能、密码学、数据科学等众多领域交叉融合的跨学科技术体系，可用于在保证数据提供方不泄露原始数据的前提下，对数据进行分析计算，从而有效提取以数据要素价值为目标的一类信息技术，保障数据在产生、存储、计算、应用、销毁等全生命周期的各个环节中“可用不可见”。隐私计算技术非常契合 Web 3.0 保护企业和个人数据的隐私安全、构建数据要素市场的社会需求，可以在多主体间进行充分的数据共享与利用，实现数据价值的转化和释放，解决 Web 2.0 存在的“隐私保护缺失”“算法作恶”等问题。

1. 多方安全计算

多方安全计算是一种在参与方互不信任且对等的前提下，以多方数据为输入完成计算目标，保证除计算结果及其可推导出的信息之外不泄露各方的隐私数据的协议。

2. 联邦学习

联邦学习是一种分布式机器学习范式，包括两个或多个参与方，这些参与方通过安全的算法协议进行联合机器学习，可以在各方原始数据不出本地、不传输原始数据的情况下联合多方数据源建模和提供联合模型推理服务。

3. 可信执行环境

基于可信执行环境的安全计算是数据计算平台上由软硬件方法构建的一个

安全区域，可保证在安全区域内部加载的代码和数据的机密性和完整性得到保护。

4. 区块链与隐私计算

隐私保护一直是 Web 3.0 的重要方向之一，而隐私计算是保障 Web 3.0 场景下用户隐私的关键技术之一。为降低链上计算开销，Web 3.0 的构建与维护需要链上链下协同进行，隐私计算技术保障该模式下“链上数据加密存储，链下数据隐私合规”。链上链下共同构成 Web 3.0 的基础网络。目前，基于可信执行环境的隐私计算技术是构建链上链下协同计算能力较为通用的技术方案。

通过在区块链中引入用于隐私保护的密码学算法，例如同态加密、环签名、零知识证明等隐私增强技术，可解决链上数据隐私保护问题。比较常见的方案是在账户模型上进行拓展并附加一层隐私交易的方案，以此来保护账户和交易信息的隐私。例如对用户账户金额数值进行加法同态加密，除了拥有私钥的可信第三方机构外，所有节点都能验证交易但却无法得知具体数值，这将极大保护用户的账户隐私。实现链上隐私，即隐藏交易双方的身份，目前有 3 种常见方案：以 Monero 和 Zcash 等方案为主的匿名支付网络；以 Tornado Cash 为主的混币器，通过集中汇款来打乱交易双方的链上联系；以 ZK-EVM、Aleo、Aztec、StarkNet、PolygonNightfall 为主的零知识证明方案将可互操作的隐私集成到以太坊的扩容基础设施中。

5. 可验证计算

可验证计算技术是将计算任务外包给计算方，计算方需要在完成计算逻辑的同时，提供关于计算结果的正确性证明。零知识证明（Zero Knowledge Proof, ZKP）、Pedersen 承诺等技术是较为常见的可验证计算技术。目前 ZK 领域仍处于起步阶段，行业内主要解决方案包括 Starkware（dYdX、Immutable 采用）、zkSync、ZK Rollup 和 Polygon。可验证计算可以以二层网络的形式大幅降低链上的计算开销。例如 ZK Rollup 将计算任务、计算相关的全局状态全部置于链下维护。链下的计算方收到一批计算任务后，在链下完成计算并更新计算任务的状态。链下的计算方随后将一批计算任务打包成一笔上链交易，该交易内包含对每笔计算任务的精简描述，以及链下全局状态的状态根。

在隐私计算技术和可验证计算技术的帮助下，Web 3.0 时代数据会以密文或摘要凭证的形态在区块链上流通。密文数据通常是由明文数据经过同态加密、秘密共享、承诺机制等技术加密后得出的，具备一定程度的密态可计算、可排序特性，进一步支持了对密文数据的密态搜索或隐私推荐应用。而融合了差分隐私、机器学习技术的联邦学习技术，在同态加密等密码学技术的辅助下，可以支持“原始数据不出域”且算法模型不暴露，在保护原始数据、算法模型数据的前提下，对链上大数据进行处理分析。

第 7 章 数据资产估值登记

7.1 数据资产估值方法

经过对传统资产评估方法以及各类理论研究方法的系统梳理，数据资产估值方法得以明晰地划分为货币度量估值方法和非货币度量估值方法两大类。

货币度量估值方法主要承袭自传统资产评估方法，涵盖成本法、收益法及市场法等核心方法，此外，还引入了 Gartner 提出的浪费价值（Waste Value of Information，WVI）和风险价值（Risk Value of Information，RVI）两种货币类评估模型，丰富了货币度量的评估手段。

非货币度量估值方法主要采纳了 Gartner 提出的内部价值（Intrinsic Value of Information，IVI）、业务价值（Business Value of Information，BVI）和绩效价值（Performance Value of Information，PVI）三类模型。这些模型分别针对数据的内部特征、业务价值及绩效等进行细致评估。

7.1.1 货币度量估值方法

1. 货币度量估值方法介绍

当前主要的货币度量估值方法如表 7-1 所示。

表 7-1　货币度量估值方法

估值方法	说　明	备　注
成本法	从待评估数据资产在评估基准日的重置成本中扣减价值损耗得到数据价值	
收益法	估计未来数据资产产生的业务收益，并考虑资金的时间价值，将各期收益加总获得数据价值	
市场法	根据市场已有数据交易价格，以数据特征的差异作为修正评估数据价值，拥有高质量、大规模等特征的数据价值更高	
WVI 模型	考虑数据质量低下导致的低业务绩效或负债金额，对数据的价值进行反向论述	
RVI 模型	强调某些数据的缺失可能尚未对企业造成实质性损失，而只是对其业务造成了潜在的风险和负面影响	

1）成本法

成本法，又称重置成本法，是将在当前条件下重新购置或建造一个全新状态的评估对象所需的全部成本与合理利润，减去各项贬值后的差额作为评估对象价值的一种评估方法。其中考虑合理利润的主要原因是需要将资产生产者的风险成本纳入考量，而合理利润是风险成本的量化估计。

首先考虑形成数据资产所需的全部投入，分析数据资产价值与成本的相关程度。成本法可用下式来表示：

$$P=C\times\delta$$

式中：

P——被评估数据资产价值；

C——数据资产的重置成本，主要包括前期费用、直接成本、间接成本、机会成本和相关税费等。前期费用包括前期规划成本，直接成本包括数据从采集到加工形成资产过程中持续投入的成本，间接成本包括与数据资产直接相关的或者可以进行合理分摊的软硬件采购成本、基础设施成本及公共管理成本；

δ——价值调整系数。价值调整系数是对数据资产全部投入对应的期望状况与评估基准日数据资产实际状况之间所存在的差异进行调整的系数，例如对数据资产期望质量与实际质量之间的差异等进行调整的系数。

确定成本法的可用性时需要考虑以下两点。

其一，成本与价值是否具有对应性。即计算的重置成本应能较好地体现资产的待评估价值，否则成本法评估值意义较弱。

其二，相关历史资料是否具备可得性。成本法是以历史资料为依据确定目前价值，其中重置成本包括各类相关合理成本项，只有此类数据在企业内部可以获得，成本法才具有可行性。

2）收益法

收益法是一种资产评估方法，其核心在于预测被评估资产未来可能产生的经济收益，并将这些预期收益通过折现的方式转化为当前的资产价值。与成本法关注资产获取成本不同，收益法更侧重于资产在未来能够为企业创造超额收益的能力。这一评估思路源自于资产的本质定义，即资产应能预期为企业带来经济利益的流入。通过收益法，我们能够对数据资产等无形资产的潜在价值进行更为准确和全面的评估。

确定收益法的可用性时需要考虑以下三点。

其一，未来收益是否可以合理预期并用货币进行计量，即需要清晰把握数据资产与企业经营收益之间是否存在着可以连接、可以预测的关系。

其二，预期收益所伴随的风险价值是否可以合理预期并用货币进行计量，即需要明确收益的不确定性是否可以预测。

其三，获利年限是否可以预期，即收益年限需要用于计算后续的时间价值折现，因此确定资产的盈利期限是收益法实施的重要条件。

① 直接收益法

适用于数据资产管理中心，提供数据调用服务并且收取费用。

$$F_t = R_t$$

式中：

F_t——预测第 t 期数据资产的收益额；

R_t——预测第 t 期数据资产的息税前利润。

② 分成收益法

适用于软件开发服务、数据平台对接服务、数据分析服务等数据资产应用场景。

采用收入提成率时：

$$F_t = R_t \times K_{t1}$$

采用利润分成率时：

$$F_t = R_t \times K_{t2}$$

式中：

F_t——预测第 t 期数据资产的收益额；

R_t——预测第 t 期总收入或者息税前利润；

K_{t1}——预测第 t 期数据资产的收入提成率；

K_{t2}——预测第 t 期数据资产的净利润分成率。

③ 超额收益法

适用于对与其他资产组合的贡献进行合理分割。

$$F_t = R_t - \sum_{i=1}^{n} C_{ti}$$

式中：

F_t——预测第 t 期数据资产的收益额；

R_t——数据资产与其他相关贡献资产共同产生的整体收益额；

n——其他相关贡献资产的种类；

i——其他相关贡献资产的序号；

C_{ti}——预测第 t 期其他相关贡献资产的收益额。

④ 增量收益法

适用于数据资产直接开辟新业务产生的现金流量或者利润，或者可计量的成本节约。

$$F_t = RY_t - RN_t$$

式中：

F_t——预测第 t 期数据资产的增量收益额；

RY_t——预测第 t 期采用数据资产的息税前利润；

RN_t——预测第 t 期未采用数据资产的息税前利润。

3）市场法

市场法，又称比较市场法，是一种资产评估方法，其基于所选参照物的当前市场价格，并通过对比被评估资产与参照资产间的差异，将这些差异量化后，对参照物的价格进行相应调整，从而确定被评估资产的价值。此方法强调充分利用类似资产交易价格的信息，通过比较和类比的方式，来估算被评估资产的价值。

根据市场已有数据交易价格，以数据特征的差异作为修正评估数据的价值，比较适合以数据元件为核心的数据要素治理工程的应用。

评估该数据资产或者类似数据资产是否存在合法合规、活跃公开的交易市场，以及可比案例；根据数据资产的特点，选择可比案例。

确定市场法的可用性时需要考虑以下两点。

其一，是否具备充分发育且活跃的资产市场，即市场法通常需要已有的可比交易作为基础，且出于准确性考虑一般需要找到三个及以上的类似参照资产，将结果加权平均。如果评估资产所在的市场没有相关参照物或者相关交易，市场法则较难启用。

其二，对标资产与被评估资产的资料可得性，即市场法的另一关键是将被评估资产与对标资产的各项指标参数进行比较，因此需要确认是否可以收集到可比资产的关键技术参数、属性等。

4）其他货币度量估值方法

2020 年，Gartner 在《如何衡量信息资产的净值》报告中，提出了从企业数据质量低下导致业务绩效差或者产生负债的角度对数据资产的价值进行评估。

WVI 模型描述了数据质量低下对企业造成的不可避免的实际额外成本。数据质量低下可能会造成企业运行中出现重大意外事件、操作流程执行不佳，产生业务损失与商机损失、监管罚款、声誉损失等，以上情况所造成的额外成本均可以看作 WVI 模型的影响因素。此外，在企业运营中，某些数据的缺失可能尚未造成实质性损失，但已经给业务带来了潜在的风险和负面影响。对于此类情况，可以使用 RVI 模型补充评估数据资产的价值。

确定上述两种方法的可用性时，需要考虑待评估数据资产的缺失带来的直接或间接损失是否易于衡量。

值得注意的是，WVI、RVI 在本质上都是对未来的（负）收益折现的方式。因此，尽管这两种评估方法与传统方法参数不同，但其仍可被划归为收益法范畴。

对上述货币度量估值方法的核心思路与优劣势的对比分析如表 7-2 所示。

表 7-2　各货币度量估值方法对比分析

	核心思路	优势	劣势	总体评价
成本法	通过重新制造数据资产的成本加上合理利润并减去贬值，得到数据价值	数据指标相对客观且便于财务管理；能衡量数据资产建设的成本	无法体现数据资产可以产生的收益，不符合数据资产能够增值的特征	客观性☆☆☆ 易用性☆☆ 价值性☆
收益法	估计未来数据资产可能产生的业务收益，并考虑资金的时间价值，将预期收益通过折现的方式转化为当前的资产价值	能比较准确地反映数据资产的价值，体现数据盈利能力	收益额较难准确预测，会受到主观判断影响	客观性☆ 易用性☆ 价值性☆☆☆

续表

	核心思路	优势	劣势	总体评价
市场法	根据市场已有数据交易价格，以数据特征的差异作为修正评估数据的价值	能够反映资产目前的市场情况，较为客观，在数据交易中更容易被交易双方接受	市场上需要有可见的可比交易，对市场要求严格	客观性☆☆ 易用性☆☆ 价值性☆☆☆ （仅在有市场时）
WVI 模型	从避免由于企业数据质量低下导致业务绩效差或者产生负债的角度，对数据的价值进行反向论述	模型充分考虑了数据机会成本，反向论证了数据资产对于企业的重要性与价值	部分评估因素易受主观判断影响；对数据价值的反向论证思路需要与其他方法相结合使用	客观性☆ 易用性☆ 价值性☆☆
RVI 模型	强调某些数据的缺失可能尚未对其造成实质性损失，而只是对其业务造成了潜在的风险和负面影响	强调了现代企业运营中对于数据风险的重视，对可预见风险进行相关损失的量化评估，帮助企业规避潜在风险	风险因素的判断易受主观判断影响，不同评估方法对于风险的量化方式会出现较大差异，从而影响模型结果	客观性☆ 易用性☆ 价值性☆☆

2．货币度量估值方法的应用

虽然货币类资产评估方法已经形成了较为完备的体系，但鉴于数据资产与传统资产之间存在显著差异，现行的评估方法难以直接应用于数据资产的估值。同时，市场上也尚未出现实际运用货币度量类方法对数据资产价值进行衡量的先例。

另外，从现有市场中的部分公司收购等案例来看，越来越多地将数据资产的价值纳入考虑。

案例一：2012 年，F 公司宣布以 190 亿美元收购即时通讯应用企业 W，但事实上 W 公司当年估值仅为 2 000 万美元，该收购的发生是由于 W 公司利用自身超高的用户数据资产，垄断了欧美即时通讯平台的市场，F 公司可通过利用 W 公司的用户数据对自身用户进行细分，以整合其商业模式，进一步发展其国际化的战略。

案例二：2016 年，互联网公司巨头 M 以 262 亿美元收购了全球职场社交平台 L，收购额高达该平台市盈率的 91 倍，此超高收购溢价原因在于 M 公司为提高业务核心竞争力，以收购方式高价获取 L 平台的会员信息、用户登录信息等，并将其与 M 公司内部产品进行集成，在提高经营能力的同时，利用数据资源巩固了市场份额。

目前，数据资源在商业决策中的重要性已显而易见，其附加或直接价值对业务策略产生深远影响。因此，对于数据资产的货币度量估值方法的需求愈发迫切。然而，当前市场上对数据资产的估值尚未形成通用标准和统一方法。在实际交易过程中，各公司需根据自身的数据整合能力、战略规划等因素对数据价值进行主观评估。然而，这种主观性可能导致估值的不准确，进而引发一系列问题。若估值过低，可能延长商业谈判周期，增加时间成本；而估值过高则可能加大购买方的经营压力，甚至引发监管机构的审查。因此，为确保数据资产估值的准确性和公正性，有必要进一步完善估值方法和标准。

7.1.2 非货币度量估值方法

1. 非货币度量估值方法介绍

非货币度量估值方法概述如表 7-3 所示。

表 7-3 非货币度量估值方法

方 法	具体内容
IVI 模型	根据模型的客观特征（正确率、完整程度等）衡量数据内部的价值，不依赖数据支持的业务
BVI 模型	核心是衡量数据对业务的价值（业务相关性、及时性），同时也考虑数据内部的价值（正确、完整）
PVI 模型	衡量数据应用前后 KPI 的变化，即通过数据对企业关键目标的作用评估数据价值，此方法用于事后评估
综合法	充分结合企业自身数据资产的评估目的和相关特点，构建价值评估模型

在当前的理论研究和实践中，非货币类度量方法主要围绕特定的资产评估

目的，选择恰当的评估维度来构建评估体系，并最终以无量纲的形式来展示评估结果。在这些方法中，Gartner 提出的 IVI、BVI 和 PVI 三种评估模型尤为成熟。这三种方法分别从数据的客观特征、数据对业务的应用价值以及数据应用前后企业 KPI 指标的变化三个方面来构建评估模型，重点在于数据资产如何推动企业业务效率的提升。

IVI 模型主要考虑了信息的内在价值，包括信息的正确性、完整性、其他竞争者获取该数据资产的可能性以及数据可使用的时长。该模型的优势在于重视数据本身的相关因素，且正确性和完整性的指标相对容易获得，能够迅速计算出客观的资产价值。然而，由于 IVI 模型缺乏业务视角，因此忽略了对于数据资产价值密度的考量，更适合于快速比较应用相似的数据资产的价值潜力，以便明确提升数据资源投入的方向。

相比之下，BVI 模型纳入了数据资产与业务相关性的指标，反映了数据资产对公司业务和收益的支撑作用。然而，“业务相关性”指标的确定方式较为主观，不同使用者评估的相关性可能缺乏可比性，因此 BVI 的评估结果可能存在较大的波动。BVI 模型适用于探索发掘目前未被分析使用的数据业务价值，或评估尚无具体应用的数据价值，以合理管理现有的低价值数据。

PVI 模型则是从企业绩效因子（KPI）的角度来衡量数据资产与业务的相关性，通过比较目标企业 KPI 的前后变化来评估数据资产在企业中发挥的作用。该模型能够直观地展示数据资产在企业中的实际作用，但由于强调企业 KPI 的前后对比并纳入了时间维度的评估因子，因此仅适用于数据应用的后评估环节。同时，在应用 PVI 模型时，难以完全剔除企业中的其他因素对企业 KPI 的影响，因此数据资产对 KPI 的直接影响力度可能难以准确衡量。PVI 模型主要适用于评估已使用的资产对企业关键目标的价值，例如在数据应用试点过程中分析数据对业务的价值。

综合法则更具灵活性，它根据评估对象的特点和估值目的来构建相应的估值模型。这种方法没有固定的公式或影响因子，使用者可以根据企业自身数据指标的丰富度，以及企业对数据的关注点和管控重点，对模型因子和权重进行调整和优化，从而定制出最适合的评估模型。综合法特别适用于那些无法使用现有模型的企业，尤其是对数据资产的价值有特殊定义，需要用特定因子进行衡量的企业。

四种非货币度量估值方法的对比分析如表 7-4 所示。

表 7-4　非货币度量估值方法对比分析

	核心思路	优　势	劣　势	总体打分
IVI 模型	根据数据的客观特征（正确率、完整程度等）衡量数据内部的价值，不涉及业务判断	较简单的数据评估模型；数据内部特征可由数据管理相关指标计算，较适合数据管理人员使用，相对较客观	并未考虑数据与业务或实际商业目标的相关性，评估值对管理决策参考价值较低	客观性★★★ 易用性★★★ 价值性★
BVI 模型	核心是衡量数据对业务的价值（业务相关性、及时性），同时也考虑数据内部的价值（正确、完整）	较综合的模型，将数据价值密度纳入考虑；考虑现有的和未来计划的业务中的应用，体现数据的业务支持能力	业务相关性的分析较为主观，而且需要进行耗时较长的数据用途分析才能判断数据能够支撑的功能或业务	客观性★ 易用性★ 价值性★★★
PVI 模型	衡量数据应用前后 KPI 的变化，即通过数据对企业目标的作用评估数据价值	使用实际产生的业绩指标评估数据资产，说服力强；评估值可以体现数据业务价值；不需要进行数据用途分析	难以控制外部变量而获得精确结果，评估值受外部环境影响较大，且只能在数据实际应用后评估	客观性★★ 易用性★★★ 价值性★★ （仅事后）
综合法	充分结合企业自身数据资产估值目的和相关特点，构建估值模型	能够充分结合企业自身数据指标的丰富度及企业对数据的关注点和管控重点，对模型进行调整和优化	模型影响因子和权重的选择受主观因素影响较大	客观性★ 易用性★★ 价值性★★★

2. 非货币度量估值方法的应用情况

由于非货币度量估值方法不受货币单位的限制，部分数据技术领先的企业已具备实际应用条件。总体上，对此类估值方法的应用与前述方法的应用思路有一致性，即根据数据资产价值实现相关的维度构建评估模型，但不同企业对数据资产评估的范围各不一致，且评估时普遍会依据自身的业务关注点选取特有的衡量维度创建度量体系，在维度和模型算法构建上也有较大差异。

案例一：××银行开展数据化能力指数评估，通过对数据质量、数据安全、数据管理、数据应用等维度设置相应的指标，计算数据化能力指数结果，并定期优化和监测指数变化情况，指导内部数据工作的开展。

案例二：大型金融集团S公司自2017年起开始构建自己的数据管理体系，打造了集团大数据平台，将各业务线的数据汇集盘点并计算数据资产价值。该公司结合了变现能力、复杂度等主观指标，以及使用频数、使用周期、数据质量和固定成本等客观指标，构建了非货币的价值评估模型，并最终计算得出每个业务线的数据价值评分排名，以在集团内部指导数据资源的管理。

案例三：全球领先的游戏开发和运营机构T公司，已向中国及海外市场陆续推出了480款产品，连接了来自200多个国家和地区的超过8亿用户。T公司从数据资产的热度、广度、收益度三个维度入手，分别对数据资产的价值进行了评估，构建了数据资产估值的“三度”模型，明确了数据资产在企业中发挥的作用，模型考虑的三个维度均和业务进行挂钩，都在事后评估环节发挥作用，总体原理与前文提到的PVI模型类似。

实践中，货币方法评估的价值能直接与其他货币价值比较，故可以看作数据资产的“绝对”价值；而非货币方法的评估结果只能与采用同一种评估方法的数据资产价值相比较，可视为“相对”价值。因此，货币方法比非货币方法更具有普适性。

但非货币度量估值方法能够通过模型的方式将数据资产的各类特点对价值

的影响纳入考虑，其估值思路能够对传统货币度量估值方法进行有效补充，构建更加适应于数据资产的货币度量估值方法。

7.2 数据资产估值假设

结合数据资产特点，企业可以构建优化的数据资产估值方法体系，指导实际的数据资产估值工作。但实际开展数据资产估值工作时，还需要对估值的实施前提加以限定，同时对估值的资产范围、对象划分、方法选择体系等进行细化的设计，将估值方法体系这一核心模块有机嵌入评估方案。

7.2.1 现状利用假设

现状利用假设，是指按照数据资产目前的利用状态评估其价值，而不考虑未来对数据资产利用水平的提升。例如在用收益法评估数据资产时，对未来收益的预估主要基于当前的数据资产应用水平和业务增长水平，而不进一步考虑未来数据资产开发、利用等技术水平增长的情况。

7.2.2 公开市场假设

公开市场假设的核心在于说明数据资产在市场中的交易是由自由竞争的市场参与者自主决定的，而不是由其他力量强制决定的。在这样的市场情况下，市场价格、产品交易情况会受到产品的供需水平、交易主体的多寡、产品本身的质量等市场因素的共同影响，且买方和卖方能够在市场中自愿、自主进行交易和磋商，这也是能够运用优化市场法对未来预期交易价值进行合理预估的前提。

7.2.3 持续经营假设

持续经营假设的核心关注点在于经营主体的长期存续性，而非单独的数据资产估值对象。在缺乏明确证据表明经营主体可能面临终结，如合同规定经营期满或企业陷入破产境地等情况下，我们认定该主体具备持续经营能力。此假设在采用成本法评估时，允许我们根据现行的折旧等财务政策进行持续计算；在采用收益法时，则可以对未来持续经营情境下数据资产所带来的潜在收益增长进行合理预估；而在采用市场法时，确保我们能够以公平的市场价格参与数据资产的交易与流通。

7.3 数据资产估值算法设计

英国数学家托马斯·贝叶斯（Thomas Bayes，约 1701—1761 年）出生于伦敦，曾任职神甫，并于 1742 年荣升为英国皇家学会会员。他在数学领域，特别是在概率论方面做出了杰出的贡献。贝叶斯首次将归纳推理法应用于概率论的基础理论，并创立了贝叶斯统计理论，对统计决策函数、统计推断、统计估算等领域产生了深远的影响。尽管贝叶斯已逝，但其著作《机会问题的解法》（*An essay towards solving a problem in the doctrine of chances*）在 1763 年由理查德·普莱斯（Richard Price）提交给英国皇家学会，为现代概率论和数理统计的发展奠定了坚实基础。贝叶斯网络自其首次应用于 PathFinder 系统（一款淋巴疾病诊断的医学系统，能够诊断 60 多种疾病）以来，在规划、学习、分类等多个领域均发挥了重要作用。值得一提的是，1995 年微软推出了首个基于贝叶斯网络的幼儿保健专家系统，这标志着贝叶斯理论在实际应用中的进一步拓展与深化。

7.3.1 确定估值目的与范围

数据资产估值方案的设计和实施主要基于两大目的，一是支持管理决策，即通过全面评估企业的数据资产价值，为企业数据资产管理体系建设及各级管理决策提供参考；二是促进数据要素流通，即从估值角度为数据作为重要生产要素未来在市场中的交易流通提供参考和建议。

基于需全面评估企业的数据资产在内部应用的价值，并同步考虑对未来拟交易数据资产实现外部价值进行全面分析的目的，将估值范围确定为企业满足数据资产定义的所有数据资产，价值类型既包括内部价值也包括外部交易的价值。

7.3.2 明确数据资产估值对象

在全面评估的框架内，必须审慎考虑如何合理划分估值对象，并精确确定数据资产的估值粒度，以为后续的价值评估工作奠定坚实基础。鉴于此，本节提出了以下五大原则，用以界定数据资产估值对象的范围，并在此基础上明确了本次估值方案的 17 大估值对象。

1. 估值对象划分的五大原则

（1）独立性原则。估值对象应至少具备独立产生价值的能力，例如单个字段在许多情况下并不具备独立产生价值的能力，因此不建议作为独立的估值对象。

（2）整体性原则。通常而言，整体不可分割的数据资产建议划分在一个评估对象中，以评估其整体价值。

（3）不重复评估原则。在具体评估工作中，由于数据资产具有多样的表现形式，应识别出实际上属于同一数据资产的不同数据应用，将其产生的价值归属于同一评估对象，防止重复计算。

（4）成熟度原则。通常而言，数据资产估值对象的划分需受限于管理成熟度，如数据资产盘点程度、财务核算精细度、是否可提供该粒度口径的核算数据等。

（5）合理性原则。评估单元的粒度不宜过细也不宜过粗，需要在估值工作量及估值准确性之间平衡，既要避免工作量和成本投入过高的情况，也要保证近似、主观估计的合理性。

2. 估值对象划分结果

经过深思熟虑和周密分析，本方案对数据资产进行了详尽的分类。该分类框架以数据资产的“可加工性”为基准，结合其价值实现方式以及管理需求，将数据资产划分为原始类（含外部获取与内部采集）、过程类以及应用类（包括统计支持与收益提升）。鉴于同类数据资产在价值实现上的共性，本框架进一步细化了估值对象。各类估值对象在价值实现上各具特色，因此在选择估值方法、设计估值指标时，需充分考虑其独特性质。

1）原始类数据资产

原始类数据资产，无论是通过外部渠道获取还是通过内部系统采集，均为后续数据处理及应用提供了基础信息。鉴于这两种来源的数据资产在资产特性及边界上存在差异，实施分类管理不仅有助于提升管理效率，更对后续数据处理流程具有积极意义。因此，我们根据数据来源的不同，将数据资产划分为外部获取与内部采集两大类，并分别作为独立的估值单元。

外部获取类数据资产主要源于外部数据供应商、数据交换协议或外部网站爬虫等手段。尽管这些数据不能直接应用于企业的日常运营，但它们能够为内部采集的数据提供有益补充，并在辅助决策及参考方面发挥重要作用。

相对而言，内部采集类数据资产则直接产生于企业的日常运营过程，详细记录了各项业务活动的关键信息。这类数据可以通过员工手动录入系统，或是通过 ATM 机、POS 机等设备在客户交易时自动捕获并整理。

2）过程类数据资产

过程类数据资产，作为原始类数据资产与应用类数据资产之间的桥梁，为数据的进一步开发与应用提供了经过清洗的、标准化的轻量级汇总数据。此类数据资产具有广泛的应用价值，能够在后续深度加工中显著减少重复性劳动，有效防止资源浪费，实现一次加工、多次利用的高效运营模式。过程类数据资产通过数据仓库、大数据平台、数据中台等机制对原始类数据资产进行集成与处理，进而转化为有价值的信息，这一转化过程使得这些数据资产本身成为适宜的价值对象，可以进行科学合理的价值评估。

3）应用类数据资产

应用类数据资产，系基于实际数据需求，以原始类与过程类数据资产为基石，经过数据汇总、挖掘等精细化处理后所形成的个性化统计数据或数据产品。这些数据资产能够直接服务于业务部门，对业务开展与收益增长起到积极的推动作用。结合其对收益的促进作用，可将其细分为收益提升与统计支持两类数据资产。

收益提升类数据资产，指的是在业务运营中能够输出业务洞察，并直接提升业务收益的数据资产，包括各类模型与数据产品等。

统计支持类数据资产，则是在原始类与过程类数据资产的基础上进行深度与定向加工后得到的数据资产（不包括收益提升类）。这类资产能够全面、深入、准确地反映企业的运营状况与发展趋势，为经营分析、监管报送等工作提供重要依据，有效发挥数据资产的业务价值，促进业务部门的各项工作。例如，报表数据能够展现企业的经营历史与现状，为经营决策提供有力支撑。此外，统计支持类数据资产可被视为一个整体成为估值的对象。

7.3.3 选择数据资产估值方法

在评估货币度量时，各种估值方法均有其特定的适用条件。为选择最合适的方法，通常需要详细分析各方法的适用前提是否满足。在运用优化成本法时，必须确保能够通过各种途径最终获取数据资产的相关成本信息。而采用优化收益法时，则要求能够追溯各数据资产的相关收益，这对数据资产在业务赋能过程中的管理和结果提出了明确的要求。另外，在使用优化市场法时，市场上至少应存在同类型的交易和产品作为参考。

在满足方法选用条件的基础上，还需要进一步考虑价值实现方式与估值方法之间的匹配性。数据资产具有“非实体性和无消耗性”“可加工性”以及“形式多样性”等特点，这使得其价值实现方式相较于传统资产更为丰富多样。例如，数据资产既可以通过多种应用形式供企业内部使用者使用来产生价值，也可以直接在市场上进行交易以获取交易价值。此外，同一数据资产可能同时具有多种价值来源。因此，在满足方法使用的前提下，需要对各类估值对象的不同价值实现方式进行深入分析，确保所选方法与价值实现方式相匹配，这也是本估值方案的重要创新点之一。

经过慎重考虑，本实施方案决定对各类数据资产估值对象采取以下策略。

针对原始类数据资产中的两大核心估值对象——内部采集类数据资产与外部获取类数据资产，以及过程类数据资产和应用类数据资产中的统计支持类数据资产，鉴于它们与最终业务收益之间的难以追溯性，以及企业内部缺乏针对数据资产使用的有效内部定价机制，我们建议总体上采用优化成本法来评估其内部使用价值。

对于收益提升类数据资产，由于它们在业务开展过程中能够直接赋能并显著提升业务表现，与收益之间具有较强的对应性，因此我们建议总体上采用优化收益法来计算其价值。在实际估值过程中，需要结合具体的业务领域细分，以确定精确的价值点，并在收益法原理的指导下，细化估值指标及算法。

此外，对于上述所有估值对象，我们还需要综合考虑是否存在数据资产的交易情况，分析它们是否具备产生直接交易收入的可能性。如果数据资产可以交易，我们将进一步分析是否满足市场法的应用条件，并建议使用优化市场法来衡量其外部交易价值。最后，我们将内部使用价值与外部交易价值相加，得出总体价值。

7.3.4 优化成本法估值实施方案与计算

使用成本法执行数据资产评估业务时，为弥补成本和价值对应性相对较差的问题，一般结合市场均值或企业本身历史盈利数据确定此类资产的合理利润，以反映资产的真实价值，另外还需引用影响数据价值实现的各种因素对数据资产合理利润率进行修正，综合评估数据资产价值。用优化成本法对原始类、过程类和统计支持类数据资产的价值进行估值，可参考以下公式：

$$P = HC \times S \times (1 + R \times U)$$

其中，P 为评估结果，HC 为数据资产历史成本，S 为重置系数，R 为数据资产的合理利润率，U 为利润调节系数。

1. 优化成本法指标体系与算法

指标体系是在估值参数的基础上结合具体对象建立的。根据估值对象本身的特性，选取合适的估值参数，结合重置系数和价值调节参数，形成各估值对象的估值指标体系。估值的难点在于现有成本核算体系并未从数据资产的角度进行区分和成本数据记录，需要从数据资产角度对各项数据资产形成的成本重新进行拆分、组合，使其合理对应到各类数据资产估值对象上。

（1）重置成本相关指标选取

① 外部获取类数据资产重置成本估值指标

外部获取类数据资产的主要成本就是当初购买该资产的采购价款及税费。同时，企业购买外部数据时需要投入人员负责商务流程，因此对应的采购人员成本也应计入外部获取类数据资产成本。另外，外部数据采购回来后，需要进行存储及相应管理，存储成本及外部数据管理成本也应一并计入。

② 内部采集类数据资产重置成本估值指标

内部数据的采集过程需要采集人员、采集终端设备及数据采集系统共同参与，因此内部采集类数据资产的成本包括数据采集人员投入成本、采集终端设备购置成本和数据采集系统的建设成本。

商业银行业务开展的过程中，柜员、客户经理等岗位人员会将业务数据录入相应 IT 系统中，这些人员的成本就是数据采集人员成本。数据采集人员成本的确认难点一方面在于对数据采集相关岗位的识别，另一方面由于投入人员没有全部进行数据采集工作，因此不能将这些岗位的人员成本全部计入，这两个难点均需要通过实地调研等方式，结合数据采集工作的实际情况去解决。

在录入数据的过程中，还需要用到数据采集设备，例如柜员配备的台式机、客户经理的笔记本电脑和各个网点配备的 ATM 机、POS 机等设备，因此这些设备成本都应计入数据采集成本中。

但如同数据采集人员成本一样，这些终端设备成本计入数据资产的比例也需要结合设备的特点来分析，例如通常认为 POS 机等设备几乎主要进行数据采集与交换工作，因此其大部分成本均应计入数据资产。

银行构建数据采集系统可以帮助其对获取的原始数据进行初步清洗和分类存储，有利于提高后续加工时对原始数据的提取效率和管理效率，因此还应考虑数据采集系统成本。但通常商业银行 IT 系统成本并未从数据资产估值的角度划分数据采集系统。建议结合架构师、项目经理等行内专家的经验，首先区分出数据资产估值对象对应的 IT 系统，再确定各类 IT 系统成本应计入数据资产的比例。采集类 IT 系统成本应计入数据资产的比例究竟是多少，目前并无客观标准，建议可从采集类 IT 系统与数据录入相关的功能考虑。

③ 过程类数据资产重置成本估值指标

过程类数据资产的产生全过程完全依赖系统自动加工，因此其成本主要包括其加工系统的建设成本。参考上述数据采集类系统的区分方法确认过程类数据资产的加工系统，统计其建设成本。过程类系统的建设目标是对原始数据进行加工，提供后续使用，不涉及业务开展等数据加工以外的功能，因此其建设成本可全部计入过程类数据资产成本中。

④ 统计支持类数据资产重置成本估值指标

统计支持类数据资产的成本和过程类数据资产相似，主要包括 IT 系统建设成本。除此以外，统计支持类数据资产成本还有部分并未体现在 IT 系统建设中，数据分析人员日常开展数据分析活动投入了大量人员成本，虽然这些数据分析活动没有固化在系统中，但其结果数据供业务人员使用，对银行的业务发挥了积极作用，仍属于银行的数据资产，因此统计支持类数据资产的重置成本还应包括这部分系统开发成本以外的人员投入成本。

除了上述四类估值对象各自匹配的独有指标外，还有一类公共类指标存在于每类估值对象的估值指标中，包括数据的存储成本、数据的管理成本等。数据的存储成本主要包括主机及附属设备、数据库等软硬件成本、数据中心场地建设及运营成本等。数据的管理成本包括数据管理类系统的建设成本及数据管理人员的投入成本。这两类成本由于涉及所有的数据资产估值对象，建议在各类数据资产估值对象间分摊计算。

由于数据资产各项建造或购买成本都是当时的价格，随着时间的推移，当前建造或购买的成本也会发生变化，因此在计算其成本时还应加入对应建造或购买年限的人力或物价重置系数来获得数据资产的重置成本。

（2）合理利润率及利润调节系数相关指标选取

企业拥有的数据资产实际价值取决于其市场价值，因此优化成本法数据资产估值除了考虑其所有的重置成本，还应考虑合理利润率，合理利润率可参考企业过往交易水平，可由市场平均水平确定。同时，数据资产在质量、应用价值、市场维度和风险性方面都将对合理利润率带来影响。例如数据的稀缺度越高，其在市场上的议价能力就越高，市场价值就会越高，利润水平也会相对提高。因此可以综合数据资产的各个影响方面的实际情况和外部数据的对比形成利润调节系数，以此来对合理利润率进行调节，得到符合数据资产水平的利润率。

2. 优化成本法算法示例

下面对原始类数据资产的内部采集类成本进行算法示例展示。其成本法评估公式为：

$$P = HC \times S \times (1 + R \times U)$$

其中，P 为评估结果，HC 为数据资产历史成本，S 为重置系数，R 为数据资产的合理利润率，U 为利润调节系数。

首先计算历史成本（HC），如表 7-5 所示。

表 7-5 成本法原始类内部采集数据资产历史成本计算样例

总 指 标	一 级 指 标	二 级 指 标	具 体 指 标	取值（万元/人民币）
原始类内部采集数据资产历史成本	数据获取历史成本	采集人员成本	N/A	40 000
		采集终端设备成本	N/A	20 000
		采集系统成本	采集系统行外投入成本	80 000
			采集系统行内投入成本	20 000
	数据管理历史成本	内部采集类数据管理人员成本	N/A	2 000
		内部采集类数据管理系统成本	N/A	800
总计				122 800

按照相同的方法计算原始类外部获取数据资产、过程类数据资产及统计支持类数据资产的历史成本，得到 2013 年至 2020 年的成本法数据资产的历史成本共计 824 400 万元。其重置系数统计如表 7-6 所示。

表 7-6 2020—2013 年重置系数统计表

统 计 年 份	历年物价增长率	物价重置系数	IT 行业人员工资平均增长率	人力重置系数
2020	102.42%	1.00	121.55%	1.00
2019	102.90%	1.02	119.36%	1.21
2018	102.07%	1.05	117.03%	1.45
2017	101.59%	1.08	115.87%	1.70

续表

统计年份	历年物价增长率	物价重置系数	IT 行业人员工资平均增长率	人力重置系数
2016	102.00%	1.09	113.91%	1.97
2015	101.44%	1.11	110.66%	2.24
2014	101.92%	1.13	109.37%	2.48
2013	1	1.15	1	2.71

其次计算成本法数据资产的重置成本，如表 7-7 所示。物价重置系数选取统计周期内 2013 年到 2020 年的年平均 CPI。人力重置系数通过调研 IT 行业近八年全行业工资水平年平均增长率得到。

表 7-7 成本法采集人员重置成本计算样例

统计年份	采集人员历史成本（万元/人民币）	人力重置系数	采集人员重置成本（万元/人民币）
2020	7 320	1.00	7 320
2019	6 640	1.21	8 070.92
2018	5 520	1.45	6 588.672
2017	4 880	1.70	5 711.064
2016	4 680	1.97	5 422.716
2015	4 120	2.24	4 693.092
2014	3 800	2.48	4 205.08
2013	3 040	2.71	3 324.848
总计	40 000	1.00	45 336.392

原始类数据资产的内部采集重置成本通过历年内部采集各部分历史成本乘以对应投入年份的重置系数，最后加总得到。

成本法数据资产总重置成本按照上述方法计算，其估值总值为 923 328 万元。

接着计算合理利润率（R）。参考同类型数据交易的平均利润率作为预估合理利润率。通过市场调研，综合了近三年来多家同行业数据交易参与者披露的财务数据，对其进行加工计算得到合理利润率。在本案例中，估值对象的数据资产的合理利润率 R 为 78%。

最后计算利润调节系数（U）。在本步骤中，需要使用专家打分法对一级、二级的所有指标通过成对打分赋予权重，并对各个二级指标分别给出评价值。

赋予权重过程中，一级指标打分矩阵如表 7-8 所示。

表 7-8　成本法权重计算样例

	数据质量	数据应用价值	数据风险	市场维度
数据质量	1	2	3	7
数据应用价值	0.5	1	2	5
数据风险	0.333333	0.5	1	2
市场维度	0.142857	0.2	0.5	1

通过计算得到，此打分矩阵通过一致性检验，各维度权重分别为 0.49、0.29、0.15、0.07。

二级指标打分过程同理，在此不具体描述。

下一步为评价各个指标的具体分数。根据前文对 U 的解释，具体计算如表 7-9 所示。

表 7-9　成本法利润调节系数计算样例

指标维度	维度权重	指标名称	指标权重	指标取值
数据质量	0.49	数据质量管理评分	1	1.17
数据应用价值	0.29	多维性	0.26	0.95
		规模性	0.43	0.99
		可用性	0.31	0.90
数据风险	0.15	风险评估	1	1.20
市场维度	0.07	稀缺性	1	0.80
总计	1.085			

综上，将成本法数据资产总重置成本经过合理利润率和利润调节系数修正后得到成本法数据资产评估结果为 1 704 951 万元。

7.3.5 优化收益法估值实施方案与计算

收益法，又称收益现值法，是通过估算被评估资产经济寿命期内预期收益并以适当的折现率折算成现值，以此确定被评估资产价值的一种评估方法。优化收益法综合收益提成法和增量收益法的思想，估算数据资产的预期经济收益折现到估值时间点的价值，并结合各估值对象的特点，定制匹配的估值实施方案。

收益提成法方式：

数据资产价值=Σ(未来业务收益×分成率)×折现系数

增量收益法方式：

数据资产价值=*f*(数据资产应用前后收益变化)×折现系数

优化收益法整体估值方式：

Δ业务收益

=Δ收入增量+|Δ支出减量|−建设成本

=Δ产品销售收入增量+Δ资产管理收入增量

+|Δ人工成本支出减量|+|Δ风险损失支出减量|−建设成本

优化收益法通过梳理收益提升类数据资产应用前后对业务价值提升支持形式，形成估值参数体系；然后根据收益提升类数据资产价值产生特点，将收益法估值参数映射到各估值对象，确定各估值对象价值评估计算指标，形成收益法估值指标体系，用于构建各对象具体的估值算法框架。

1. 优化收益法指标体系与算法

应用收益法估值指标计算资产的前提，是将收益提升类数据资产按照业务应用领域进行划分，并兼顾不同业务支持、决策方式与业务价值产生的关联程度。因此，从业务应用领域和业务关联程度两个维度，对收益提升类数据资产进行分类，按类型精准定位其价值产生来源，合理匹配估值参数，并有效制订估值指标，最终实现价值量化。

算法模型是一种典型的收益提升类数据资产，业务应用场景范围广，业务支持与决策方式多，被认为是银行业金融机构最广泛、最重要的收益提升类数据资产类型。基于算法模型建立的估值分类体系和各分类下的算法框架可以作为收益提升类数据资产分类和估值计算的通用指导。

以银行业常用算法模型类数据资产为例，根据其与业务价值产生关联的程度，可分为直接收益模型和全领域通用模型两大类型。直接收益模型包含能直接支持营销、运营和风险管理三大领域的收入增加或损失减少的模型，其输出价值可以根据细分业务领域收益情况直接进行估值。全领域通用模型主要指输出结果可以被跨领域、跨部门使用，或作为面向高层业务决策算法模型输入的一类模型，其输出价值体现在上层直接收益模型中。具体来说，收益法算法模型可分为 3 大类，14 小类，如图 7-1 所示。

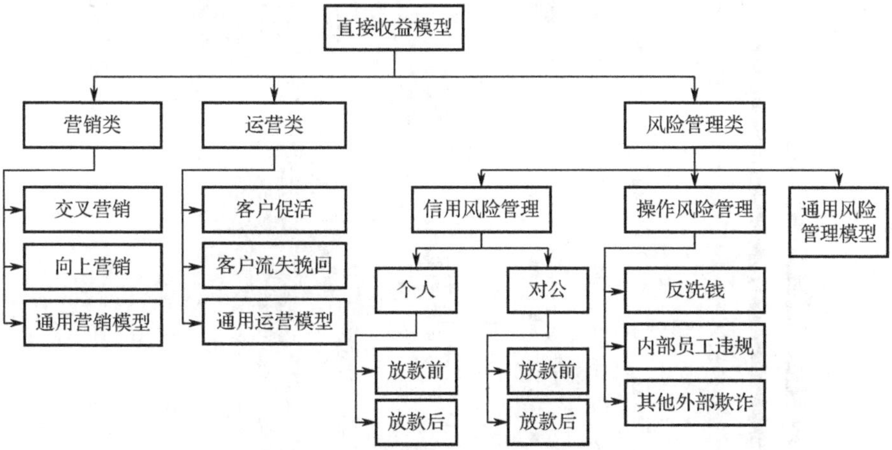

图 7-1　收益法算法模型种类及描述

根据上述收益提升类数据资产按照业务应用领域进行划分的结果，将收益法估值指标与各估值对象进行匹配，可构建出如图 7-2 所示的估值指标体系。

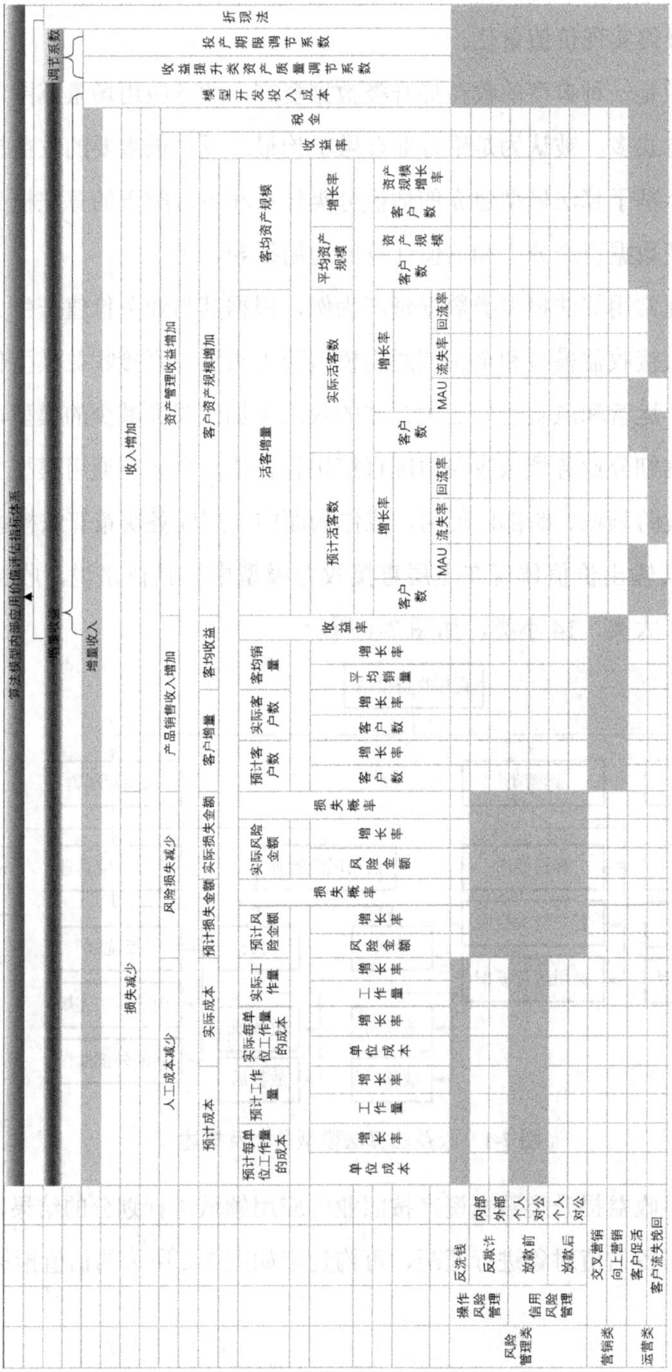

算法模型内部应用价值评估指标体系
调节系数
增量收益
增量收入
收入增加
损失减少
资产管理收益增加
产品销售收入增加
风险损失减少
人工成本减少
客户资产规模增加
客均收益
客户增量
实际损失金额
预计损失金额
实际成本
预计成本
活客增量
客均资产规模
折现法
投产期限调节系数
收益提升类资产质量调节系数
模型开发投入成本
税金
收益率
预计活客数
实际活客数
平均资产规模
增长率
客户数
资产规模
资产规模增长率
MAU
流失率
回流率
预计客户数
实际客户数
客均销量
平均销量
实际风险金额
预计风险金额
风险金额
损失概率
实际工作量
预计工作量
实际每单位工作量的成本
预计每单位工作量的成本
单位成本
工作量
风险管理类
操作风险管理
反洗钱
反欺诈
内部
外部
信用风险管理
放款前
放款后
个人
对公
营销类
交叉营销
向上营销
运营类
客户促活
客户流失挽回

图 7-2 估值指标体系

1）营销类

营销类模型指以增加产品销量（或增加服务次数，后文不特别指出此情况）为目的，将客户与产品进行匹配，并进行客户购买预测的模型。其输出结果能分析覆盖更广范围的客户，精准定位客户群，洞察客户需求，有效促进精准营销，协助银行提升营销转化率，增加销售收入。

营销类模型基于客户与产品的关系可进一步分为促进新客户首购产品的交叉营销类模型、促进老客户回购产品的向上营销类模型以及通用营销类模型三类。

交叉营销类模型挖掘客户新需求，促进其购买新产品。

向上营销类模型基于客户历史购买行为，向上营销同类产品，促进其回购老产品。

通用营销类模型主要对客户购买偏好进行分析或特征处理，其输出结果一般作为客户购买预测或推荐模型的输入，并不直接输出客户营销名单。

在营销类模型应用前，银行业务人员主要通过地毯式营销将相关产品推荐给一类客户群，这种粗放式营销方式一方面会导致有限的营销资源被过度分散，另一方面不同客户的差异化购买偏好无法被有效满足，最终导致营销转化率低。在营销类模型应用后，通过预测能力强大的集成算法、深度学习算法进行模型开发，能有效识别出高营销成功率的客户名单，协助业务人员最大限度地利用营销资源开展精准营销，促进客户购买产品，并最终提升产品销售收入。

因此，营销类模型输出的价值主要体现在模型应用前后产品销售收入的增加上，可以通过模型应用前后购买产品的客户人次增量和产品客均收益获得。其中，购买产品的客户人次根据营销类模型作用方式分为交叉营销后首次购买产品的新客户人次和向上营销后回购产品的老客户人次。

在实际计算过程中，为保证估值结果的精确性，可进一步将产品收入按照产品类型进行分类统计。

2）运营类

运营类模型是指以提升客户黏性、优化客户结构为目的，预测、识别客户活跃、流失的模型，通过协助行内开展有效运营活动，大幅提高客户粘性和忠诚度，从而分别通过增加客户资产流入和减少客户资产流失来提高客户资产管理总规模，并最终增加资产管理收入。

运营类模型依据客户活跃情况可进一步分为用于增加客户活跃度的客户促活类模型和对客户进行流失预警以及流失归因分析的客户流失挽回类模型。

① 客户促活类模型

长尾客户促活一直是困扰各大银行的难题，该模型通过预测客户活跃度开展有效促活，以增加客户资产流入。在模型应用前，银行客户促活主要以规则识别和分类存量不活跃客户，通过外呼、走访、短信通知等传统方式开展粗放式客户促活活动，缺乏针对性，对客户需求的探查不够全面，无法精准触达客户，促活效果不显著。在模型应用后，通过深入洞察客户行为轨迹、交易历史、产品偏好形成客户画像，挖掘客户潜在需求，预测其活跃度提升概率。根据预测结果，有针对性和选择性地开展精准促活，实现对客户的智能化运营，以提高客户活跃度，使客户在行内持有的资产相对稳定，客户资源不易流失，在此基础上拓展客户增持资产的方式和渠道。

② 客户流失挽回类模型

该模型主要基于流失预警和流失归因对潜在资产流失客户进行挽留，减少客户资产流失。在模型应用前，传统的客户流失预警主要依据专家规则判断客户流失倾向，判断结果精度不高，且难以获知客户流失的真正原因，无法制订针对性的挽留措施，导致挽留效果欠佳，客户流失率高。在模型应用后，可以对存在流失倾向的客户进行精准识别和预警，协助业务人员开展事前挽留；通过模型与可解释算法的结合，对流失客户进行归因分析，以进一步制订有针对性的挽回方案，促进客户回流，最终减少客户资产流失。

因此，运营类模型输出的价值主要体现在模型应用前后通过稳固客户黏性，维持和扩大客户资产规模，促进资产管理收入的增加，其价值可通过模型应用前后活跃客户增量或流失客户减量、客均资产管理规模以及资产平均收益率计算获得。在实际估值过程中，为促进估值结果的精确性，可依据行内资产评级规则对客户进行资产等级划分，对于不同资产等级的客户，客均资产管理规模和资产平均收益率均有所差异。

3）风险管理类

风险管理类模型指以风险监测和风险规避为目的，协助对业务进行风险控制的模型。商业银行风险一般可分为操作风险、信用风险、市场风险和流动性风险，常见的风控算法模型基本作用于操作风险和信用风险管控，因此可将风险管理类模型划分为信用风险管理模型、操作风险管理模型和通用风险管理模型，其中通用风险管理模型一般指用于风险特征提取和预处理的模型，其输出不直接产生可支持业务决策的结果，而是通常作为信用风险管理模型和操作风险管理模型的输入，可认为其价值也体现在以上两种风险管理模型最终输出的结果中，因此不单独计算其价值。

① 信用风险管理

信用风险是借款人因各种原因未能及时、足额偿还债务或银行贷款而违约的可能性。在信用风险管理领域，银行信用风险管理类算法模型重点关注贷款风控，主要通过放款前申请评分和审批，放款后风险监控两大环节识别并降低客户违约带来的经济损失。

传统的贷款放款前审查审批和放款后风险侦测往往依赖人工审核和专家规则，人工审核一般效率低、成本高，专家规则易规避、时效性差且准确率不高，伴随着客户下沉的趋势，规模扩张带来的逾期率急剧上升，信用风险管理的精细化要求也越来越高，传统方式越来越无法满足银行风险管理的需要。机器学习算法的复杂策略和庞大特征使其较传统专家规则更难被违约主体规避，而高准确率和快速迭代与自学习能力，相比于传统方式，能全面密集地协助放款前审查审批和放款后逾期监控工作。将机器学习算法应用于贷款风控算法模型，其输出结果一方面能协助贷款风控人员在放款前有效拒绝风险贷款申请以减少潜在违约损失，在放款后进行逾期监控与催收以降低贷款逾期率并最终减少形成不良贷款的可能损失；另一方面还能提升人工审批与监测效率，减少人力成本。

（a）信用风险管理——放款前类

信用风险管理——放款前类模型可分为个人和对公，该模型由申请评分模型和贷款智能审批模型共同在放款前进行风险过滤。

申请评分模型可以用于贷款审批前期对借款申请人的量化评估，贷款智能审批可以基于申请评分结果快速准确地通过优质贷款申请，两类模型输出结果为放款前有效过滤违规和高违约概率贷款申请提供支持。在放款前，模型通过分析预测识别借款人潜在风险并预警，协助业务人员通过拒绝申请、降低授信、减少或中止放款等方式拒绝掉一部分风险贷款，这一部分拒贷额是通过模型协助银行规避的具有较高违约概率的风险贷款金额，假设这批贷款未被模型识别且被银行贷出，银行将可能承担高违约概率带来的潜在损失（模型输出的价值之一就是协助识别并规避这部分潜在损失）。

信用风险管理——放款前类模型输出的价值主要体现在辅助贷款审查审批效率提升、耗费更少的人工审核成本，以及辅助拒绝风险贷款规避更多的潜在经济损失。模型的数据价值即为规避的经济损失值增量和减少的人工审核成本之和。

（b）信用风险管理——放款后类

信用风险管理——放款后类模型按对象可分为个人和对公。贷后风险管理模型包括客户风险预警监测模型、违约风险预测模型、逾期管理模型等，主要用于协助贷后风险规避、风险降低和风险分担。

在模型应用前，传统的贷后风险管理受制于信息的大量缺失，较为被动，贷款损失挽回程度依赖于业务部门响应速度和资产信息全面的程度。放款后风险管控算法模型能对资产状况是否发生变化、“软”信息是否朝坏的方面转变、经营环境是否发生改变等领域进行风险前瞻性识别和监控预警，实现客户系统性、连续性监测，有效识别贷后风险来源、范围、程度和趋势，最终体现为客户违约率降低，逾期贷款金额下降，逾期贷款损失减少。

因此，信用风险管理——放款后类模型输出价值主要体现在减少逾期贷款所带来的贷款损失。由此，通过计算模型应用前后逾期贷款的减少，以及预计损失概率，获得逾期贷款减少所降低的贷款总损失，即为信用风险管理——放款后类模型输出的价值。这其中，可以进一步考虑减少的逾期贷款再外借所带来的经济收益，其效用最终也体现为逾期贷款减少所带来的贷款总损失减少。在实际计算中，上述贷款相关金额可根据借款对象按照个人、企业分类，并按照不同逾期期限取数统计，使估值结果精准度更高且更具可理解性。

② 操作风险管理类

（a）操作风险管理——反洗钱类

在操作风险管理领域，反洗钱类算法模型主要通过自动化过滤大额和可疑交易的方式实现应用价值。

在模型应用前，规则严格的反洗钱监测系统检测出的大额和可疑交易中很多属于正常交易，依赖人工二次判断。随着商业银行可疑交易量逐年速增，人工审核成本愈加高昂。在模型应用后，通过机器学习能够识别出并排除很多正常交易，辅助人工对可疑案宗进行预排序和分类分级审核，可以大幅减少人工复审可疑交易数量和每单位交易量审核成本，降低人工总审核成本。

因此，反洗钱类模型输出的价值主要体现在模型应用前后需复审可疑交易量减少和每单位交易量审核成本减少带来的人工审核总成本的减少。由此，通过计算模型应用前后需复审的可疑交易量的减少，以及每单位可疑交易所需人工复审成本的减少，可以计算模型应用前后复审的可疑交易人工成本的差值，即反洗钱类模型输出的价值。

（b）操作风险管理——反欺诈类

在操作风险管理领域，反欺诈类算法模型主要通过识别和银行内外部欺诈行为与事件，规避可能发生的欺诈事件及损失，以及减少已发生的欺诈事件涉案金额的实际损失。

内部欺诈主要是指银行内部员工参与的诈骗、盗用资产、违反法律及利用行内制度进行获利的行为。

外部欺诈主要是指由外部实体，如外部商户、第一方客户以及第三方不法分子所实施的诈骗行为，包括盗用资产、违反法律以获取非法利益等。

根据 CORD 操作风险数据库统计数据，商业银行每年会发生大量欺诈事件，占操作风险损失事件总量的 70%以上，欺诈事件所带来的损失金额巨大，占据操作风险损失总额约 50%，给银行造成严重损失。

模型应用前，传统反欺诈主要通过案件分析形成专家规则，然后部署到系统中对行内交易行为进行防范侦测。依赖数据交叉核验以及专家经验的传统反欺诈方式难以建立有效的差异化欺诈风险预警与防范措施，也无法高效准确识别、监控不同响应层级（实时、准实时、批量）交易中的欺诈风险。反欺诈算法模型通过利用所有可用样本进行全面数据建模，能够有效地挖掘隐藏在数据中的异常案例。该模型具备自我学习能力，能够持续识别并预警新兴的欺诈行为，从而精准捕捉那些不易察觉的价值点，实现对风险的长效管控。

因此，反欺诈模型的主要价值在于其能够在应用前后有效预防潜在欺诈事件的发生，从而减少由此带来的损失；同时，对于已发生的欺诈事件，模型能够帮助减少实际损失金额，这里我们基于一个假设，即通过模型的识别和干预，能够成功降低涉及金额的实际损失。通过量化模型应用前后欺诈损失金额的变化，以及模型成功识别的欺诈案件中涉案金额与实际损失金额的差异，我们可以评估出模型应用后欺诈损失的具体减少情况，这正是反欺诈类模型所带来的价值体现。在实际计算中，上述欺诈（损失）事件可根据内部欺诈、外部欺诈分类取数统计，以此提高估值结果的精准度和可理解性。

2. 优化收益法算法示例

以信用风险管理放款后类算法模型输出的价值评估方案作为示例。信用风险管理放款后类算法模型输出的价值主要体现在两个方面，模型应用后逾期贷款损失的减少和减少的逾期贷款再贷出的收益增加。

其收益法评估公式为：

$$F_n = \{f_1(\mathrm{OL}_{1n}, P_{1\mathrm{loss}}) - f_2(\mathrm{OL}_{2n}, P_{2\mathrm{loss}}) + (\mathrm{OL}_{1n} - \mathrm{OL}_{2n}) \times \Delta R \times (1+ir)^n \times (1-\mathrm{Tax}) - C\} \times f(Q,D) \div (1+i)^n$$

$$\mathrm{OL}_{1n} = g_1\left(\frac{T_1 - T_{-1}}{t} + n\right)$$

$$\mathrm{OL}_{2n} = g_2\left(\frac{T_1 - T_0}{t} + n\right)$$

F_n 表示估值时间点后第 n 个收益期算法模型输出的价值折现到估值时间点的价值；T_{-1} 表示历史数据采集起始时间点（在模型投产前），T_0 表示模型投产时间点，T_1 表示估值时间点，t 表示 1 个收益期的长短。

OL_{1n} 表示假设未应用模型的情况下，预测在第 n 个收益期末全行逾期贷款总额，是通过历史逾期贷款数据拟合回归函数 $\mathrm{OL}_{1n} = g_1(T)$ 得到的，其中 $T = \frac{T_1 - T_{-1}}{t} + n$，表示从历史数据起始时间 T_{-1} 至第 n 个估值收益期末的时间范围。

OL_{2n} 表示应用模型的情况下，预测在第 n 个收益期末全行逾期贷款总额，是通过模型应用后历史逾期贷款数据拟合回归函数 $\mathrm{OL}_{2n} = g_2(T)$ 得到的。

$P_{1\mathrm{loss}}$ 表示模型应用前平均损失概率，$P_{2\mathrm{loss}}$ 表示模型应用后平均损失概率，是通过行内历史逾期贷款信息计算全行逾期贷款损失概率得到的，其值分别假设为 15%和 10%；$f_1(\mathrm{OL}_{1n}, P_{1\mathrm{loss}})$ 是关于 OL_{1n} 和 $P_{1\mathrm{loss}}$ 的逾期贷款损失金额计算函数，可以获得在第 n 个估值收益期末，假设未应用模型的情况下，预测逾期贷款损失总额；$f_2(\mathrm{OL}_{2n}, P_{2\mathrm{loss}})$ 则表示在第 n 个估值收益期末，应用模型情况下，预测逾期贷款损失总额。因此，$f_1(\mathrm{OL}_{1n}, P_{1\mathrm{loss}}) - f_2(\mathrm{OL}_{2n}, P_{2\mathrm{loss}})$ 即为模型应用后逾期贷款损失金额的减少。

$OL_{1n}-OL_{2n}$ 表示模型应用后逾期贷款金额的减少，ΔR 为平均利差，假设为 3%；ir 为利差平均增长率，假设为 2%。假设减少的逾期贷款可作为贷款资金来源再外借出去，其获得的利差收入就是模型输出的价值之一，因此通过模型应用后逾期贷款金额的差值和各收益期平均利差可得到模型应用后逾期贷款金额减少带来的收益增量。

$f(Q,D)$为综合调节系数，用来修正估值结果以计量通过模型应用产生的实际价值。其中参数 Q 为质量调节系数，根据专家对该类模型的业务角度应用效果优良程度和技术角度明细数据质量优良程度进行打分，并加权平均计算得到；参数 D 为投产期限调节系数，是通过收益期内该类别估值模型剩余使用期限占收益期内全量使用期限的比重计算得到的。此外，i 为折现率，假设为 10%；Tax 为税率，假设为 25%；C 为资产建设成本，假设初始建设成本为 50 万元，其余每个收益期平均成本为 10 万元。

根据上述取值方法和假设，各收益期内参数的取值在模型应用前后指标的数据明细如表 7-10 所示。

表 7-10　模型应用前后指标数据明细

收益周期	OL_{1n}^*	P_{1loss}	OL_{2n}^*	P_{2loss}	f_1^*	f_2^*	ΔR	ir	Tax	C^*	i	Q	D
历史数据起始时间点													
$n=-8$	37 400	15%			5 610		3%	2%	25%				
$n=-7$	41 500	15%			6 225		3%	2%	25%				
$n=-6$	45 000	15%			6 750		3%	2%	25%				
$n=-5$	51 000	15%			7 650		3%	2%	25%				
模型应用后													
$n=-4$	53 000	15%	53 000	10%	7 950	5 300	3%	2%	25%	0.5			
$n=-3$	58 000	15%	57 000	10%	8 700	5 700	3%	2%	25%	0.1			
$n=-2$	62 000	15%	61 000	10%	9 300	6 100	3%	2%	25%	0.1			
$n=-1$	66 100	15%	65 000	10%	9 915	6 500	3%	2%	25%	0.1			

续表

收益周期	$OL_{1n}{}^{*}$	P_{1loss}	$OL_{2n}{}^{*}$	P_{2loss}	f_1^*	f_2^*	ΔR	ir	Tax	C^*	i	Q	D
估值开始时间点													
$n=1$	70 200	15%	69 000	10%	10 530	6 900	3%	2%	25%	0.1	10%	98%	100%
$n=2$	74 300	15%	73 000	10%	11 145	7 300	3%	2%	25%	0.1	10%	98%	100%
$n=3$	78 400	15%	77 000	10%	11 760	7 700	3%	2%	25%	0.1	10%	98%	100%
$n=4$	82 500	15%	81 000	10%	12 375	8 100	3%	2%	25%	0.1	10%	98%	100%
$n=5$	86 600	15%	85 000	10%	12 990	8 500	3%	2%	25%	0.1	10%	98%	100%
$n=6$	90 700	15%	89 000	10%	13 605	8 900	3%	2%	25%	0.1	10%	98%	100%
$n=7$	94 800	15%	93 000	10%	14 220	9 300	3%	2%	25%	0.1	10%	98%	100%
$n=8$	98 900	15%	97 000	10%	14 835	9 700	3%	2%	25%	0.1	10%	98%	100%

注：标*的项表示单位为人民币百万元。

综上，将各收益期模型输出价值的折现值相加，得到信用风险管理放款后类算法模型输出的价值为人民币 10 765 百万元。

需要注意的是，实际计算过程中上述逾期贷款可根据逾期期限分类取数统计，不同逾期期限下的贷款损失概率不同，平均再贷款利差也存在差异，分类计算可以使估值结果精准度更高且更具可理解性。

7.3.6 优化市场法估值实施方案与计算

市场法参数体系从估值对象的可类比市场案例、价格修正和交易方式（年限）三方面进行建立。市场法估值模型首先利用可比案例相关数据预测待估值资产的年收益，进而推算该资产未来历年收益的折现总和，从而最终计算待估值资产交易日和评估日的现值总值。具体估值方式可参照以下公式：

$$PV=\sum_{j=1}^{N}\sum_{i=1}^{Y}\frac{(n_j\times q_j\times P_{0j}\times R_j)\times(1+g_j)^{i-1}}{(1+r_f)^{i-1}}\times k$$

其中 N 为待估值资产总类数，Y 为预期交易年限（i=1 为基础年），n_j 为 j 类模型基础年产品数，q_j 为 j 类模型基础年产品平均交易量，P_{0j} 为 j 类模型基础年同类可比产品价格，R_j 为 j 类模型价格修正系数，g_j 为 j 类模型平均年收益增长率，r_f 为折现率，k 为期日修正系数。

下面介绍优化市场法指标体系与算法。指标体系是在模型参数基础上结合具体对象建立的，主要涉及对象的选取和实际计算过程中指标的取值两个部分。

1）指标体系应用对象选取

参考前文对估值对象的划分结果，可根据以上模型，将实际估值过程中选取的各指标与资产类别对应，观察各类型资产的指标适用情况，如图 7-3 所示。

图 7-3 结果显示，当一类资产能够进入市场并采用市场法进行评估时，该算法模型下所有指标均对其成立。但需要注意的是，受限于当前的市场情况，尽管所有的数据资产都满足以上算法的合理性，但并不一定全部满足市场法的应用前提。因此，本方案对当前市场中预期可使用优化市场法计算其交易价值的数据资产范围进行了分析，并基于分析情况进一步明确了每个指标的具体计算方案。

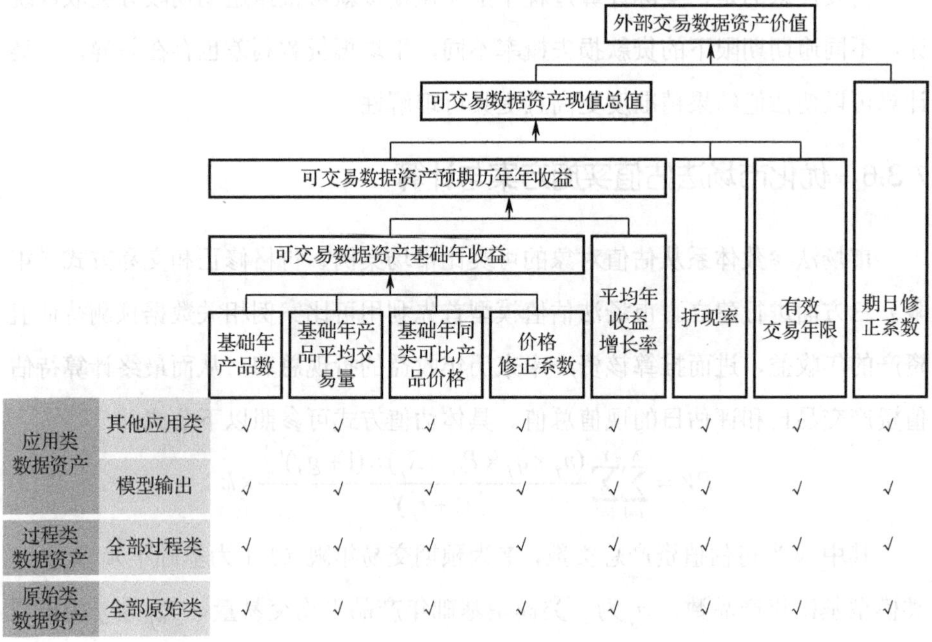

图 7-3　各类型资产的指标适用情况

2）当前市场中预期可使用优化市场法计算的数据资产范围

首先，数据资产交易的合法性是市场存在的前提和保证，即遵守国家法律、行政法规、商业道德，不危害国家安全、公共利益，且不损害个人、组织的合法权益。为保障数据依法有序自由流动，我国法律法规、规范条例及数据交易平台相关规定等均对不可交易的范围进行了界定，限制了市场交易中存在的数据资产类别，如涉及个人隐私的数据不可交易。

其次，具有外部市场是资产交易活跃和交易信息可得的重要条件。一方面，某类数据资产的交易活跃程度可以通过其所依附的交易平台的活跃程度得到反映；另一方面，交易平台又是数据资产各类交易信息获取的重要来源。因此，通过对交易平台的调研可以初步定位现存的数据资产市场，并为寻找满足市场法应用前提的资产对象提供重要判断依据。本方案从活跃度及公开价格可查询两个维度出发的调研结果显示，包括大数据交易所、数据交易厂商等的 72 个调研主体中，仅有 9 家主体的数据资产同时满足活跃和公开价格可获取的情况。同时，对于当前的交易产品，也主要分为两种类型，一种是以公开数据、政务数据为主的明细数据类型，其他行业对明细数据的交易较少；另一方面集中在以风险管理类模型为代表的各类数据产品，如各类风险评分产品，对营销、运营等业务领域的标准化产品较少。该调研结果也从一定程度上反映了当前数据资产交易市场不够成熟的现状。

最后，交易的经济性也是各家企业对预期可交易数据资产进行判断的重要因素。合法性描述了数据资产“能不能”进行交易，而经济性着重考虑数据资产“适不适合”进行交易。例如企业商业秘密相关数据交易后可能造成不良竞争环境。

3）数据资产对象的市场法估值的四个层次

综合分析上述三大条件，本节以风险管理类模型为代表分析优化市场法的指标及算法，即前文中提到的收益提升类数据资产。但可以预见的是，未来随着市场的成熟完善，市场法估值的对象会有很大程度的丰富。针对模型输出数据资产对象的市场法估值可拆分为以下四个层次。

一是计算待估资产外部使用的基础年收益。

基础年收益需要用待评估资产基础年产品数、待评估资产基础年的平均历史交易量、同类可比数据资产的基础年价格和价格修正系数进行计算。

在预测一类模型投入市场后输出的价值时，基础年产品数的取值为具体某一业务类别下的模型总数；在针对某一个模型进行估值时，其取值为 1。模型输出的预期交易量则通常需要过往历史交易数据，结合对市场情况的预估进行判断。对基础年产品价格需考虑多个同类可比数据资产的基础年价格的平均价格情况，并从数据质量、风险、应用和外部对比四个维度，考虑产品本身与同类型产品间的差异，对类比产品价格修正后获取对可交易数据资产价格的预估。

二是计算待估资产外部使用的未来历年收益总值。

通过基础年收益的计算可以求解该类资产在各个年份的价值预期。此阶段主要解决两个问题，即需要将未来多少年的交易情况考虑入估值计算，以及如何考量每年市场规模的变化对该资产的交易影响。为此可以引入预期交易年限和市场的平均年收益增长率。

预期交易年限的具体取值需结合各类数据产品的生命周期来综合判断，在当前阶段需要采用相关专家意见；同时，也可考虑参考计算机软件等无形资产的最长摊销年限来对预期交易年限范围进行限制。

待估模型市场的平均年收益增长率需综合考虑未来待评估资产的市场规模和市场价格变动。受缺少数据资产市场规模发展历史数据的限制，此阶段可参考各类数据领域权威机构的分析预测报告进行确定。

三是计算待估资产外部交易的交易日现值总值。

以历年收益为基础，通过折现求和可得到待估资产的交易日现值总值，该值的获取是评估日总现值的计算基础。

四是计算待估资产外部交易的评估日现值总值。

交易日为算法中可比案例价格的获取时间，评估日是给定的价值评估的时间节点，既可以早于交易日亦可以晚于交易日。期日修正系数的使用可以修正交易日与评估日的市场价格指数差异。

第 8 章

数据资产的评价体系

8.1 数据资产评价标准

数据标准制定及维护工具可以规范数据资产格式、命名的准确性和口径的一致性，该工具针对数据标准管理职能而开发，需具备以下基础功能。

标准生成：可按照业务领域、业务主题、信息分类、信息项等生成标准细则。

标准映射：可以将制定的标准与实际数据进行关联映射，即实现数据标准的落地执行，维护标准与元数据之间的落地映射关系，包括元数据与数据标准的映射、元数据与数据质量的映射，以及数据标准和数据质量的映射，能提供在线的手工映射配置功能，并能对映射结果做页面展示。

变更查询：查询发布或废止的标准的变更轨迹。

映射查询：查询标准与元数据之间的落地情况并提供下载功能。

维护标准：指的是对标准状态进行管理，包括增删改、审核、定版、发布、废止等。

标准版本查询：指的是对发布状态的标准进行版本管理。

标准导出：指的是按照当前系统中发布的最新标准或者选择版本来下载标准信息。

标准文档管理：指的是对标准相关说明文档或手册的管理，包括创建、修改、链接、查询等。

8.2 数据资产评价体系建设

8.2.1 数据资源评价

数据资源的价值评估是一个复杂但至关重要的过程，它涉及多个因素，包括数据的质量、数量、可靠性、独特性，以及它在特定情境或业务场景下的应用潜力。以下是一些关键的评估标准和方法。

（1）数据质量：高质量的数据可以提供更准确、更可靠的信息，从而提高决策的准确性。评估数据质量需要考虑数据的准确性、完整性、一致性和时效性。

（2）数据数量：足够的数据量是进行有意义分析和预测的基础。如果数据量不足，可能无法得出有代表性的结论。

（3）数据可靠性：数据来源的可靠性和数据的可信度也是评估数据价值的重要因素。例如，权威机构发布的数据通常比非官方或不可靠的数据源更有价值。

（4）数据独特性：独特或稀有数据可能在特定领域或市场中具有高价值。例如，某些行业报告或专有数据库可能因为其独特性而备受关注。

（5）应用潜力：数据的价值很大程度上取决于它在特定情境或业务场景下的应用潜力。这包括数据在决策制定、市场分析、产品开发等方面的应用。

（6）数据安全性：随着数据价值的增加，数据的安全性和隐私保护也成为评估因素。数据的敏感性和潜在的隐私问题可能会影响其价值。

在进行数据资源的价值评估时，可以采用一些定性和定量的方法。例如，通过专家评估、调查问卷、数据测试和历史数据分析等手段，综合考虑以上因素，对数据的价值进行全面评估。同时，数据资源价值的评估并非一成不变，它随着业务需求和技术环境的变化而变化，因此需要定期进行重新评估。

8.2.2 数据产品价值评价

在评估数据产品价值的过程中，必须全面考虑多个关键因素。这包括但不限于数据的质量、规模、稀缺性、可解释性、生命周期、安全性、来源以及处理能力。同时，市场需求和竞争态势对数据产品价值的影响也不容忽视。为了确保评估的全面性和准确性，我们需要在评估过程中特别关注数据的准确性和完整性，它们是数据产品可用性和可靠性的基石。

此外，数据的时效性和动态更新情况也是评估过程中的重要考量因素，它们直接关系到数据的及时性和有效性。在评估过程中，我们必须保持客观、中立的态度，确保评估结果不受非相关因素的干扰。

通过科学、合理的评估方法，我们能够深入挖掘数据产品的潜在价值，为企业的决策和发展提供坚实的数据支持。这样的评估过程不仅有助于我们更好地理解数据产品的实际价值，还能为企业战略制定提供有力的依据。

8.3 促进数据要素市场科学有序发展

8.3.1 明确责任权利，有效推进数据管理

在数据资产管理中，成功的关键在于充分认识到组织管理的重要性。为实现这一目标，必须明确各方的职责与权益，逐步构建一个完善的人才体系，以适应数据发展的需求。这一体系应涵盖管理型人才和技术型人才，从而消除工作推进中的障碍。

此外，数据标准化是确保信息体系不发生混乱、保障数据规范一致性的关键环节。对于拥有大量数据资产或希望进行数据资产交易的企业而言，构建数据标准是至关重要的。标准化不仅提高了数据的关联能力，还保障了信息的交互、流动和系统可访问性，从而提升了数据的活化能力。通过确保数据的规范性和一致性，我们可以避免数据混乱、冲突、多样性和一数多源的问题。

数据资产管理的核心目标是有效整合运营数据，以服务于企业，并将数据转化为利润中心的一部分。这一目标的实现离不开科学的管理和技术支持。

8.3.2 合理引进技术，提升数据治理能力

在众多前沿技术中，如人工智能、物联网、新一代移动通信、智能制造、空天一体化网络、量子计算、机器学习、深度学习、图像处理、自然语言处理、4K 超高清、知识图谱、类脑计算、区块链、虚拟现实和增强现实等，均在大数据的推动下取得显著进展。然而，在数据管理领域，企业应基于自身实际情况，审慎选择并合理引入创新技术，以提升数据挖掘的准确性和效率，进而实现人力成本的优化。

在信息时代，数据的规模、活跃度和企业的数据收集、运用能力，已成为决定企业核心竞争力的关键因素。掌握数据意味着掌握市场，预示着巨大的投资回报。因此，数据无疑已成为企业的核心资产。在数据价值实现的过程中，虽然技术的作用不可忽视，但更为关键的是结合企业自身的业务需求和实际应用场景，进行科学合理的规划。

大数据和云计算平台的建立与开放对于企业而言至关重要。它们不仅有助于企业系统地整理和分析数据内容，提高数据的检索和展示效率，还能为企业带来可观的经济收益和社会效应。然而，这些技术的成功应用最终还取决于企业自身商业模式的完善。以数据融合技术为战略资产的商业模式，将在很大程度上决定企业的未来发展走向。

8.3.3 建立定价机制，促进市场良性竞争

在定价策略上，针对具有排他性的数据，如政府及基础设施建设部门所掌握的数据，建议在试点阶段由国家层面统一制定指导价格体系，包括但不限于基准参考价和最高限价，以改善当前无序定价的状况。对于市场中广泛存在且通用性强的数据，例如交易数据和资讯类数据，我们建议以市场自我发展和良性竞争为主导，同时对交易的基本原则进行规范指导，并通过适当的监管措施逐步完善交易市场规则，最终形成公允的市场价值。针对随新兴产业发展而涌现的数据，如物联网数据和卫星数据等，这些数据在未来社会经济中将扮演日益重要的角色，我们建议政府在指导方针和政策保护方面给予支持，以促进市场快速形成公允的定价机制，并在保护期内逐步构建健康的市场竞争环境。

8.3.4 建立共享标准，提升数据共享效率

我国当前在大数据领域的核心竞争战略在于推动数据的开放与共享。为了加速这一过程，我们必须从理念、制度、技术和平台等多个维度进行深入探索和实践，以确立数据开放与共享的统一标准。在大数据技术的应用过程中，特别是在数据资源的开放与共享环节，对于敏感数据的处理必须给予特别关注。因此，制定数据脱敏的标准和规则显得尤为重要，以确保在保护敏感数据的同时，实现其技术层面上的开放与共享。此外，我们还需要不断完善和优化开放共享数据的标准，确保数据的完整性、准确性、原始性、机器可读性、非歧视性和及时性，进而为在线检索、获取和利用提供便利。这些举措将有助于我国在全球大数据竞争中占据更有利的位置。

8.3.5 采取监管措施，保障数据要素秩序

首先，监管机构应坚守“底线监管”的原则，致力于维护公平竞争的市场秩序。为此，需制定并实施数据交易监督管理的相关规定，依法惩处滥用市场

支配地位、限制交易、不正当竞争等违法行为。同时，严禁任何平台单方签订排他性服务条款，确保数据要素市场主体的公平竞争环境。

其次，建议监管机构秉持审慎包容的监管理念。对于数据要素市场在发展初期可能存在的市场主体不足之处，监管机构应以审慎包容的态度对待，这将极大地激发企业勇于尝试、敢于创新的精神，从而不断完善其成长环境。在坚守“底线监管”原则的基础上，监管机构应为各类市场主体留下充足的发展空间，避免过度使用“关停罚”等手段。监管机构应以严谨的态度及时指出市场参与者在数据要素市场发展过程中的问题，并提供必要的政策指导和资金、技术支持，助力新兴的数据要素市场实现健康快速发展。

第9章 数据资产交易

9.1 数据资产交易制度

9.1.1 数据元件

数据作为一种新兴的生产要素，与传统的土地、劳动力、资本等生产要素相比，具有独特的属性。其来源广泛、应用多样、流动性强以及形态多变等特点，使得在数据的供应侧需要应对不断增长的数据品类，而在需求侧则面临不断变化的应用需求。此外，随着数据量的不断增加，数据合规性对数据流转过程中的隐私和安全保护提出了更高的要求。

为了实现数据要素的高效配置，确保数据的供应与需求之间能够实现真正的对接，新的运行模式必须严格遵循数据的特性和规律，有效应对这种开放、复杂和多变的供需结构。因此，引入一个适应市场化规模流通和安全管控的数据“中间态”变得至关重要，它可以代替原始数据进行流通交易。

在数据空间技术中，我们创新性地提出了“数据元件”的概念。数据元件是通过脱敏处理后的数据，是根据需要由若干字段形成的数据集或由数据的关联字段通过建模形成的数据特征，以及包括图片、音视频等在内的非结构化数据构成的数据集。作为连接数据供需两端的“中间态”，数据元件能够实现原始数据与数据应用之间的“解耦”，从而确保从数据产品中无法逆向获取到原始数据，有效解决“安全与流通对立”的难题，如图 9-1 所示。

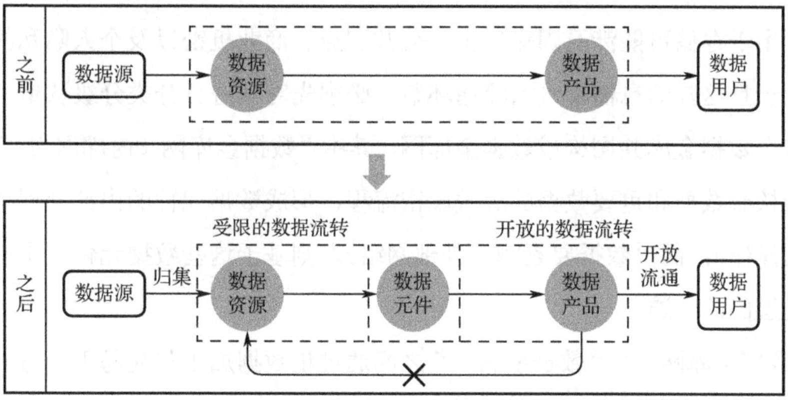

图 9-1　数据元件成为连接数据供需两端的“中间态”

数据元件作为一种关键的信息单元，兼具安全属性和价值属性。在安全属性上，数据元件起到了风险隔离的作用，它作为中间态，实现了数据资源与数据应用之间的解耦，从而构建了有效的数据保护层。这种保护层能够双向隔离数据从资源端到应用端的泄露风险，以及从应用端到资源端的滥用风险。同时，数据元件也进行了严格的安全审查，通过对数据字段数量及其组合关系的审查，确保了数据元件交易中的隐私与安全。此外，数据元件作为交易标的物，简化了数据资源到数据应用之间的复杂路径，发挥了数据全生命周期追溯管理的关键作用，为数据流通交易的精准监管提供了有力支持。

在价值属性上，数据元件具有可析权、可计量、可定价的特点。通过构建数据元件，我们可以在数据资源、数据元件、数据产品三个阶段分别进行数据相关权利的确权，从而降低了确权的复杂性。此外，数据元件标准对数据的使用量进行了明确的界定，为数据价值评估提供了计量单元，提高了数据计量的精准性。最后，数据元件的价值核心在于其蕴含的信息量，这可以通过信息熵理论建模进行评估，从而提高了数据定价的可行性。

9.1.2 数据金库

数据金库是一种高安全性的数据存储措施，其建设采用了全面自主安全的技术产品，并受到政府的严格监管。它主要部署于政府、关键组织行业和大型企业，用于存储可能涉及国家安全、公共利益、商业机密以及个人隐私的敏感信息。一旦这些信息需要进入流通环节，必须先对其进行分类分级认定工作。

多个数据金库共同构成数据金库网，其中“数据金库网（内部网络）”主要服务于核心数据和重要数据的脱敏脱密流程，形成数据元件的内部处理（类似于专网操作）；而“数据要素网（外部网络）”则基于这些数据元件，实现数据在社会层面的流通。

“数据金库网”与“数据要素网”之间通过集数据加工与交易于一体的平台实现单向连接。这一平台是连接数据金库网与数据要素网节点的关键，负责对原始数据进行加工和审核，最终转化为可计量、可定价且风险可控的数据元件。这一过程有效提升了数据的价值密度，并降低了安全风险。

最后，通过数据产权登记平台，实现全国范围内互认的数据确权，为数据进入数据空间交易提供了基础。整个流程确保了数据的安全性、合规性和高效流通。

数据要素流通体系架构如图 9-2 所示。

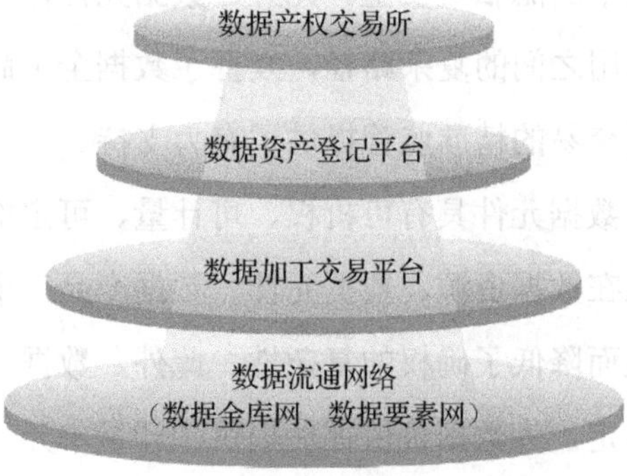

图 9-2 数据要素流通体系架构

总体而言，数据金库网（内部网络）负责实现“数据资源+数据元件存储”的功能，而数据要素网（外部网络）则专注于实现“数据元件搜索+交易”的目标。这一完整的体系架构旨在解决数据安全与要素化流通这两大核心问题，确保数据要素在安全、高效和跨域流通的过程中得到充分支撑。

9.1.3 数据确权

数据确权，即界定数据权利属性的过程，涵盖了权利主体及其权利内容的确认。具体而言，一方面需要确定数据的归属，也就是明确数据的权利主体，即谁对数据拥有合法权益；另一方面，需要明确权利的具体内容，即享有何种权利。

在数据从生成到消亡的整个生命周期中，涉及四类角色：数据的所有者、生产者、使用者和管理者。数据确权的过程，旨在明确界定这四类角色在特定数据资产上的权利与义务。需要注意的是，不同的数据资产，其所有者、生产者、使用者和管理者可能有所不同，因此确权过程需要严谨细致，以确保各方权益的保障与实现。

下面是关于这四类数据角色的定义。

（1）数据所有者

即拥有或实际控制数据的组织或个人。数据所有者负责特定数据域内的数据，确保其域内的数据能够支持跨系统和跨业务线的管理。数据所有者需要主导或配合数据治理委员会完成相关数据标准、数据质量规则、数据安全策略、管理流程的制定。数据所有者一般由企业的相关业务部门人员组成，根据企业发布的数据治理策略、数据标准和数据治理规则要求，执行数据标准，优化业务流程，提升数据质量，释放数据价值。在企业中，数据所有者并不是管理数据库的部门，而是生产和使用数据的主体单位。

（2）数据管理者

数据管理者不一定拥有数据的所有权，而是由数据所有者授权行使数据管理的职能。在很多传统企业，数据管理者往往隶属于数据所有者。数据管理者并不包揽所有的数据治理和管理工作，部分数据治理和管理工作需要由业务部门和 IT 部门共同承担。

（3）数据生产者

即数据的提供方。对于企业来说，数据生产者来自人、系统和设备。例如，企业员工的每一次出勤、财务人员的每一笔账单、会员的每一次消费都能一一被记录；企业的 ERP、CRM 等系统每天都会产生大量的交易数据和日志数据；企业的各类设备会源源不断地生产大量数据，并通过 IoT 整合到企业的数据平台中。

（4）数据使用者

即使用数据的组织或个人。数据的使用包括申请数据、下载数据、分析数据等。在企业中，数据的生产者、所有者和使用者有可能是同一个部门。例如，销售部门以 CRM 系统为依托，既是客户数据的生产者，也是客户数据的使用者，还是客户数据的所有者。

数据为什么要确权？这可能是很大一部分人的疑问。数据之所以要进行确权，主要有以下三方面原因。

（1）数据确权是数据资产化的基础。

“数据资产是由组织合法拥有或控制并且能够为其带来经济效益和社会效益的数据资源”，这是数据资产的定义，从这个定义中不难看出，数据要成为资产，必须要有一个明确的数据权属主体。

从会计的角度，没有明确的数据权属主体，数据资产永远也进入不了企业的财务报表。

从法律的角度，没有明确的数据权属主体，数据滥用的问题将无法解决。

从数据的管理和使用角度，没有明确的数据权属主体，数据的质量问题将无法溯源、无法解决。

（2）数据确权是数据交易和流通的前提。

任何东西要实现交易，首先都需要确权。数据同样如此！

由于数据复制成本相对其生产成本来说极低，数据易被复制和传播，这使得数据使用者损害数据所有者权益的情况十分普遍。故而合理界定数据权属是亟须解决的问题。只有明确了数据的权属，才能对数据进行估值，之后才能交易和流通。

（3）数据确权是保护个人数据安全的重要手段。

由于数据权属一直是一个模糊不清的问题，在 ToC 端尤为突出。互联网用户每天产生的大量数据，到底是归互联网公司所有，还是归用户个人所有？从法律角度讲，个人信息归个人所有，但事实上用户个人从来没有享受到这些数据带来的权益。而互联网公司往往是通过所谓的用户协议、个人信息保护协议，约定了用户产生的数据归企业所有。由于数据权属界定不明，导致信息滥用、大数据杀熟、网络诈骗、非法数据交易等侵害个人信息的问题日趋严重。

数据认责，认的什么责？

权利和责任一定是并存的，在享有数据权益的同时需要对数据负责。在企业数据资产管理实践中，所谓的数据认责，更多的是指“谁对数据的质量属性负责”！

通常，企业中数据的所有者、生产者、使用者、管理者都是比较容易识别的，但是一旦出现数据质量问题，在追责问责时，它就常常会变成一个业务部门、IT 部门内部或业务部门与 IT 部门之间相互推诿的问题。

举个例子，企业在盘点库存时，经常会发现 ERP 系统中的物料库存数据与实物的库存数据存在差异。业务部门会说 IT 部门没有提供完善的系统功能，导致数据错误，而 IT 部门则可能责怪业务部门操作不规范。事实上，出现这种问题，最大的可能是业务部门的出入库操作重复或在列出库存项目时有遗漏，或者库存物料的描述不准确，位置不正确。

当涉及库存时，通常是由仓库管理员负责确保库存数量准确。作为数据质量改进和控制的一部分，这可能需要对系统中的物料建立统一的编码规则并实施数据清洗，还可能需要对实物库存重新贴标签。而这些决策永远不会成为单纯的 IT 问题，也不会落入 IT 部门，这很明显。

很多企业搞数据治理项目，建立了数据问责制度。但在笔者看来，数据问责制只是数据治理的手段，而不是数据治理的目的，企业要做的是提高数据质量和实现业务目标，而不是在发生了数据问题后去追究责任。

数据问题的重点在于预防，问题发生了再去追责为时已晚。

谁对数据质量负责？当你遇到这样的困惑时，不妨试着先回答以下几个问题。

认识问题：什么是好的数据质量？为什么它很重要？

定义问题：测量数据质量的维度有哪些？

衡量问题：数据质量对业务使用和管理决策有何影响？

分析问题：找到数据质量问题的根本原因，是管理问题、业务问题还是技术问题？

改善问题：哪些关键业务流程的改善有利于提高数据质量？如何改善？

控制问题：是否有数据质量管理章程，是否包括问题和目标描述、范围、里程碑、角色和职责、沟通计划？

把以上问题都想清楚之后，究竟“谁该对数据负责”就不是那么重要了。

笔者认为，数据质量人人有责，谁生产谁负责，谁拥有谁负责，谁管理谁负责，谁使用谁负责。数据所有者主要负责制定数据管理政策，维护数据资产目录并分配数据认责权限，确保所拥有的数据可查、可用、可共享；数据生产者负责执行数据管理规则，按照数据标准规范化录入各项数据并解决相关数据问题；数据使用者要确保数据的正确、合规使用，以及数据在使用过程中不失真；数据管理者主要协助数据所有者制定数据标准、质量规则、安全规则并监控相关数据问题，同时制定确保数据管理的流程，并确保其有效执行。

那么，IT 部门在这个过程中扮演什么角色、承担什么责任？

从笔者经历的项目实践来看，在大部分数据治理项目中 IT 部门都起着推动者的作用。而在数据运维/运营过程中，IT 部门往往承担数据保管员的职责，同时为数据管理者提供技术支持，推动数据架构、标准和规则等内容的落地。

9.2 数据资产上链方式

数据资产上链通常有以下几种方式。

（1）支持数据提供者、数据审批者、数据使用者之间的数据管理流程上链，注册、审核、发布、申请、审批过程上链留痕，审批通过后提供智能合约，约定数据开放共享方式（无条件开放、有条件开放、隐私开放）和调用服务策略，便于用户安全可控地使用数据。区块链数据上链流程如图 9-3 所示。

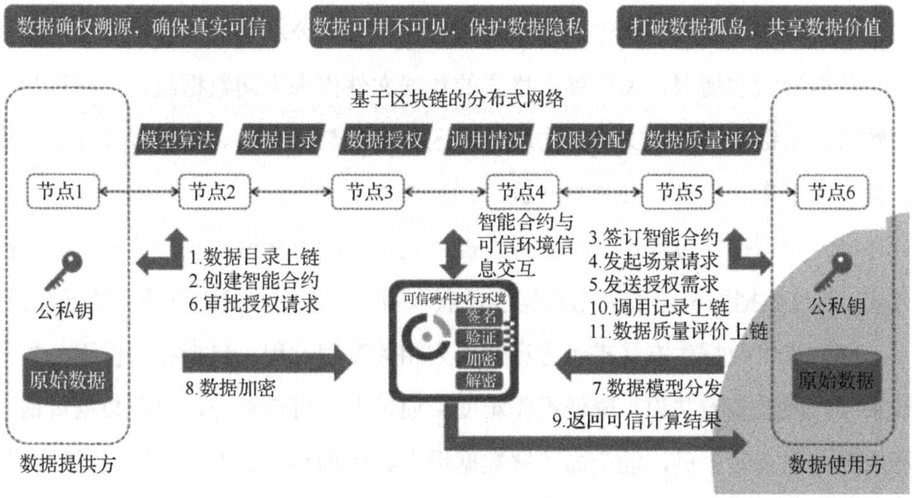

图 9-3 区块链数据上链流程图

（2）数据流转运行关键日志上链、运行过程留痕，方便跟踪回溯验证、进行关键节点查看等，以防遗漏。

（3）对于重要的数据可以使用数据唯一标识、数据特征（也称数据手印）等上链，便于数据使用跟踪和数据验真，适用于数据采集、数据交换、数据开放与共享。如果进行数据采集，则提供方是分支端，接收方是中心；如果进行数据交换，提供方可以是中心，也可以是分支端，接收方也可以是中心或者另一个分支端。

对数据库表、文件、接口等数据源中的数据进行上链处理，上链操作会自动为所需上链的数据生成数据唯一标识并进行数据存证，便于进行已上链数据的数据验真操作。上链后的数据存证既可以存储于分布式区块链节点中，也可装载至 NoSQL、关系数据库等数据源中。支持数据共享交换与数据上链一体化处理，支持在数据交换、数据加工、数据检查过程中进行数据上链处理。在数据交换、流转过程中，平台节点从源方抽取数据后即可在内存中进行上链、加密、存证等操作。

（4）对于隐私等敏感数据可以用公钥加密后上传到区块链，当需要时从区块链下链数据，用私钥解密还原数据以供使用，该公私钥对是由中心提供的。对于数据量大的情况，使用私有格式的数据文件作为中间数据载体，通过加密和解密、上链和下链该文件，实现基于区块链的数据交换。这种方式适合对隐私数据的采集、交换、共享与开放。

（5）数据提供方提供数据服务上链，数据使用方从链上获得数据服务访问方式，通过数据服务总线调用数据服务获取数据。这种方式比较适合数据交换。

（6）提供数据生态（提供方和使用方相关流程过程，包括数据使用、数据效果等，通过多方共识，降低操作难度，通过多方可信参与，提升数据价值，形成数据生态）上链，能全面了解数据提供、数据审批、数据使用的过程、状态变化及验真，既能了解数据提供和使用对账等信息，也能了解数据本身的使用情况，进行数据验真等。

区块链管理在数据采集、数据交换、数据治理、数据开放与共享等各个阶段，进行信息上链、存证验真等处理，可与数据采集、交换、治理、共享等各部分深度融合。支持数据目录、数据标准、元数据、数据源、数据模型、节点信息、数据服务配置、数据落标情况等上链；数据源和检查结果存储、质量规则、质量检索服务、问题数据、问题数据管理、质量评估等均可上链，确认无误后添加电子签名，之后再广播得到全网共识进行存证。数据服务上链方式如表9-1所示。

表9-1 数据服务上链方式

数据采集	数据交换	数据治理	数据开放与共享
（1）数据采集运行关键日志上链，过程留痕，方便跟踪回溯验证； （2）通过数据标识和数据特征值（也称数据手印）上链，方便数据使用跟踪、验真和防篡改； （3）对于隐私等敏感数据或文件通过中心提供的公钥加密后安全上链，中心将加密数据下链后通过私钥解密获取数据或文件	（1）数据交换运行日志上链，过程留痕，方便跟踪回溯验证； （2）通过数据标识和数据特征值（也称数据手印）上链，方便交换数据验真； （3）对于隐私等敏感数据或文件，发送方通过接收方的公钥加密后安全上链，并通知接收方，接收方将加密数据下链后通过私钥解密使用； （4）提供数据服务上链，使用方可以通过上链的数据服务查询和使用数据，方便实时数据交换共享	（1）治理管理过程上链留痕，实现发布、审核、申请、审批等流程过程上链，方便过程跟踪回溯，实现治理规则公开可信、可回溯； （2）数据质量上链，数据质量管理过程及结果在链上公示，便于提高数据质量； （3）数据标准及落标情况上链公开，便于行业标准落实和考核； （4）提供链上数据生态，能进一步了解数据资源的管理过程，了解数据流通过程	（1）开放共享管理流程过程留痕，实现发布、审核、申请、审批、智能合约提供、服务使用等流程过程上链，方便过程跟踪回溯验证； （2）数据开放与共享运行过程关键日志上链留痕，方便过程跟踪回溯，避免过程遗漏； （3）对于有条件开放的数据，可以通过数据标识和数据特征值（也称数据手印）上链，通过数据标识方便数据跟踪验真； （4）对于不予开放但需要共享的数据，如隐私等敏感数据或文件通过使用方公钥加密后安全上链，使用方将加密数据下链后再通过私钥解密使用，以防扩散； （5）提供链上数据生态，能进一步了解数据开放共享的管理过程，了解数据流通过程

9.3 数据资产金融创新

9.3.1 分布式金融

分布式金融（Decentralized Finance，DeFi）作为Web 3.0时代的重要应用方向之一，自2015年首个基于以太坊的金融应用MakerDAO诞生以来，经历了快速的发展与演变。随着分布式交易所（Decentralized Exchange，DEX）和分布式借贷等应用的兴起，逐渐奠定了DeFi发展的基石。链上稳定币、交易所与借贷并驾齐驱，共同构成了DeFi的三大核心组成部分。

随着区块链技术的不断发展，包括底层协议性能的提升、辅助工具的完善以及数字资产市值的增长，DeFi 市场得到了迅猛发展。链上用户数量的增加和各类机制创新也为 DeFi 注入了新的活力。如今，DeFi 已经成为一个规模庞大、活力充沛的市场，拥有千万级活跃用户、十亿级日交易量和百亿级参与资金量，成为 Web 3.0 领域不可或缺的重要组成部分。

作为一种金融范式的创新，DeFi 在资产类型、交易匹配模式、市场公平机制、可组合性和组织治理方式等方面都展现出了独特的优势。作为一种新型金融工具，DeFi 能够有效撬动链上数据资产的流动性，促进链上活动的大幅度提升，为整个 Web 3.0 的创新与发展提供了源源不断的动力。然而，与此同时，DeFi 市场也面临着衍生风险和一定程度上的虚假繁荣等挑战。因此，在推动 DeFi 发展的同时，也需要关注其潜在风险，确保市场的健康稳定发展。

Web 3.0 数据资产金融应用演进过程如图 9-5 所示。

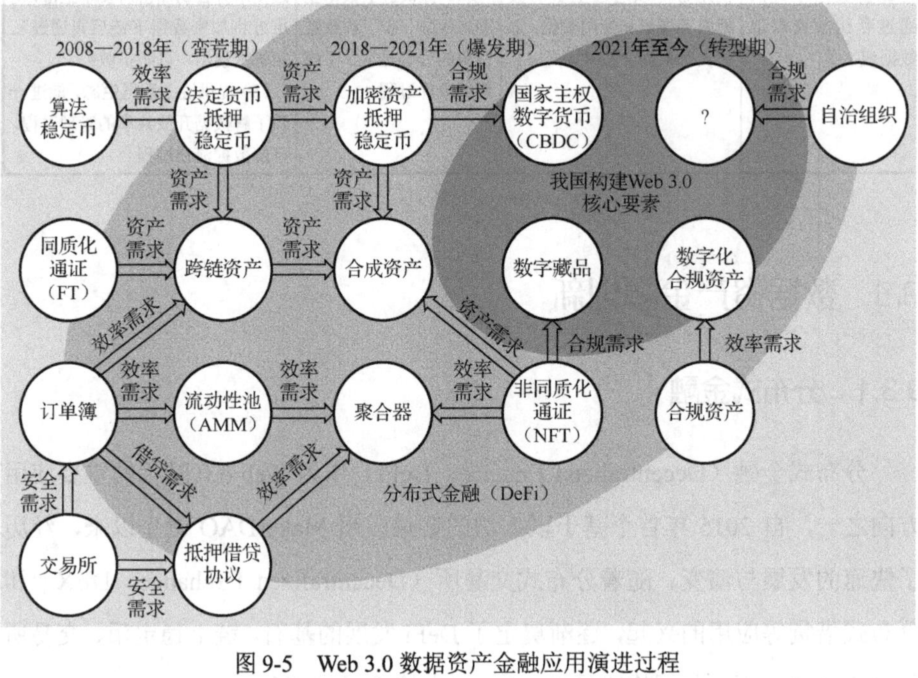

图 9-5　Web 3.0 数据资产金融应用演进过程

1. 资产类型的创新

经过七年的稳健发展，DeFi 已逐渐演化为一个涵盖底层技术支持、中间层服务及多个细分领域的全新金融生态。在资产分类上，链上数据资产可依据技术特性划分为同质化通证（FT）和非同质化通证（NFT）。同时，根据产生方式的不同，可分为链上原生资产和合约资产；进一步从资产属性上划分，可包括效用通证和权益通证。此外，稳定币、治理通证及合成资产等也是其重要组成部分。

从技术层面来看，DeFi 的上下游技术可被细致划分为前端用户层（如资产管理聚合器、钱包）、底层网络（如公有链、侧链、二层网络）以及核心组件层（如流动性聚合层）。核心组件层中涵盖了稳定币、分布式交易所、借贷、保险服务、资产管理服务和衍生品等关键要素。

得益于 Web 3.0 的技术特性，DeFi 在遵循传统金融基本原理的同时，并未完全沦为传统金融在区块链上的简单映射。相反，它展现了独特的创新性和适应性，预示着未来 DeFi 将具备服务更多资产和用户的能力，持续推动金融行业的变革与发展。

稳定币是一种加密资产，其价值以法定货币为基准，作为区块链交易的基础，随着去中心化金融（如 DeFi）的崛起，其增长势头同样迅猛，目前稳定币的总市值已超过 1 600 亿美元。稳定币的发行方式多种多样，目前占据主导地位的是由传统资产抵押发行的 USDC、USDT 等加密资产。除此之外，超额抵押加密资产和算法稳定也是常见的稳定币机制。在 Web 3.0 领域，稳定币扮演着传统资产进入加密市场的价值桥梁角色，未来随着各国央行数字货币的逐步实施，稳定币市场将发生结构性变革。目前，业界普遍认为数字人民币将成为我国推动 Web 3.0 生态发展的关键支撑。由于链上数字社会中生产和消费之间缺乏直接的价值交换媒介，目前国内链上难以形成原生的数字经济活动。没有有效的价值交换媒介，数字社会将无法进行有效的经济活动，Web 3.0 也将难以发展壮大。因此，在合法合规的框架内，基于数字人民币探索数据资产的应用，成为我国构建 Web 3.0 生态的重要路径。

分布式借贷是 DeFi 投资者重要的杠杆工具，它允许交易者将不愿出售的资产作为抵押品，在借贷平台上获得其他资产的流动性。目前，DeFi 中的借贷普遍采用超额抵押模式，这意味着当抵押资产价格大幅下跌时，抵押品可能面临被清算的风险。此外，由于抵押资产价格的波动性和预言机攻击等问题，参与借贷的交易者也面临着极高的风险。

分布式金融衍生品是 DeFi 领域待发展的重要市场，它映射了传统金融需求最为强烈的领域，包括期货、期权、指数及保险等方向。同时，去中心化衍生品也涌现出许多创新的产品方向，如合成资产、质押资产流动化等。这些新兴的产品和服务为 DeFi 生态带来了更多的可能性和机遇。

2. 交易匹配模式的创新

自动做市商模式（Automated Market Maker，AMM）是分布式交易所领域中的一项关键技术创新，为传统交易市场中面临的流动性和公正性问题提供了一种新颖的解决方案。在传统的交易市场中，做市商负责提供流动性和确定商品价格。然而，在 AMM 中，任何个体都可以作为流动性提供者（Liquidity Provider，LP），通过向交易市场注入流动性来参与其中；商品交易价格则由实现 AMM 模型的智能合约代码根据市场的供需关系进行自动计算和调整。

这种创新机制摒弃了传统的点对点撮合方式，转而通过智能合约构建流动性池（Liquidity Pool），从而实现了链上交易的优化。相较于传统的中心化订单撮合引擎，AMM 以其高效和低成本的特性，有效解决了长尾资产流动性不足的问题，并显著提升了链上资金的整体流动性效率。

例如，Uniswap 通过采用自动做市商机制，在极短的时间内以极低的固定成本实现了与纳斯达克交易所相当的交易量。在分布式交易所中，这种机制体现为自动做市商模式；而在借贷领域，则表现为借贷资金池模式（Collateral Deposit）。

Web 3.0 的魅力很大程度上源自其开放性。无论是从数据角度还是金融角度，开放网络都为技术创新和金融创新提供了广阔的空间。DeFi 的各类协议可以根据用户或开发者的需求进行叠加使用，从而提高了 DeFi 用户的资产利用效率，并为更多的产品和机制创新提供了多种可能性。

目前，DeFi 各类协议的资金流之间存在紧密的勾稽关系。链上聚合器（Yield Farming Aggregator）等 DeFi 项目正是基于这种可组合性而兴起的，它们通过最大化资本效率，创造了较高的收益率，从而吸引了大量用户和资金的涌入。这些项目已成为行业中不可或缺的重要组成部分。

3. 市场公平机制的创新

在 Web 3.0 的框架内，服务提供者并非依赖于传统的牌照申请等准入机制，而是以开源代码和社区共识作为基石，这显著区别于传统金融市场的管理方式。Web 3.0 的基石在于信息的透明性和开源文化的推广，这确保了关键项目信息的被动披露，从而为用户和投资者提供了充分的事实基础以进行评价。在这样的环境下，DeFi 项目开展金融业务或提供金融服务时，无须获取牌照或经过资质审批，而是依赖于其独特的技术与机制优势，以及从公开市场中吸引用户的能力。然而，由于缺少了传统的监管强制力，市场可能会出现野蛮增长和无序竞争的现象，这使得用户的权益难以得到有效保障。这要求用户在使用产品时具备更高的安全性和鉴别能力。尽管 DeFi 已经进入了成熟阶段，但要成为 Web 3.0 生态更为坚实的金融基础，仍然需要在监管合规、风险控制、机制创新以及产品完备性等方面从传统金融中汲取经验，并不断提升底层性能实用工具和链上安全性。同时，随着越来越多的国家积极推出国家主权数字货币（Central Bank Digital Currency，CBDC），将为全球金融系统带来巨大的创新机遇。如果 Web 3.0 要走向大众化，就必须遵循合规需求，而 CBDC 将在这一过程中发挥关键作用。因此，如何使 Web 3.0 生态更好地与 CBDC 体系接轨，已成为各国当前的战略重点。

9.3.2 数据增值

当前国际形势错综复杂，技术迭代速度不断加快，各种因素相互交织，导致决策系统的复杂性和难度达到了前所未有的程度。为了释放数据生产力，我们必须深入考虑众多因素。

从个人角度来看，权利保护诉求涵盖了传统的隐私和个人信息保护问题，以及随着数据化发展的深入，对个人基于数据分析形成的评估判断的公正性和公平性问题。

从产业角度来看，我们必须关注创新、发展和竞争需求。数据的确权和定价是数据合理使用的基石。数据产权应根据不同类别进行明确界定，而数据定价则可以借鉴大数据交易的实践经验，综合考虑成本、收益、效用和用户等属性，通过市场竞争活动来制定数据要素的定价规则和标准。

从国家角度来看，数字经济竞争力和数据安全需求是我们必须考虑的重要因素。数据资源的开放利用将直接影响我国在新一轮国际竞争中的地位，同时，数字产业的发展壮大也是保障国家数据安全的关键。

9.4 数据要素化与数据交易安全

9.4.1 数据要素化的核心理念

数据空间技术以“一元两网、三级市场”为核心理念，以一个全自主、高安全的数据金库作为底层运行支撑，通过数据资源两次赋能，打通数据资产链和数据价值链“双链融合”，同步催生数据资源、数据元件和数据产品三级市场，实现数据要素安全流通和高效配置，带动提高全要素生产率和创新水平，促进社会经济全面发展。

以数据元件为中心的数据要素化路径包括“数据资产链”和“数据价值链”两个关键过程。

1. 数据资产链：数据形态转化的过程

数据要素的价值在于其内在的信息内容。然而，作为信息的载体，数据的形态是不断变化的。数据资产链通过开发和处理，变革数据形态，使其更高效地承载高价值信息，从而释放数据要素的潜能。

原始数据来源于多个渠道和类型，汇集形成数据资源。这些数据资源具有数量庞大、类型多样、价值密度低和时效要求高等特点，因此并不适合直接流通和使用。

为了提升数据品质和价值，数据资源需要经过融合、特征提取等处理过程，转化为数据元件。这一过程有效地消除了多源数据之间的冗余和冲突，提高了数据标准化程度和价值密度，同时部分实现了数据的脱敏和安全隔离。

基于数据元件，通过面向特定应用需求的开发过程，可以形成数据产品。这些数据产品针对特定的应用场景，提供所需的关键特征，从而避免了隐私泄露和安全风险。

2. 数据价值链：数据价值释放的过程

数据要素所蕴含的价值需要持续深入挖掘才能充分释放，因此数据资产链中的数据加工过程也对应着数据要素增值的过程。

从数据资源到数据元件的转化提升了数据品质，提高了数据价值密度和标准化程度，实现了第一层的数据增值。

从数据元件到数据产品的转化完成了从标准化的数据元件到特定应用场景和专业化服务的适配，实现了第二层的数据增值。

数据产品的流通和交易实现了数据要素与其他生产要素的有机融合，完成了以数据赋能场景创新，最终实现了数据要素的价值释放。

9.4.2 数据资源市场、元件市场和产品市场

以数据元件为中心的数据要素化路径通过数据资产链和数据价值链得以实现，同时催生出数据资源、数据元件、数据产品三级市场。数据要素市场化示意如图 9-6 所示。

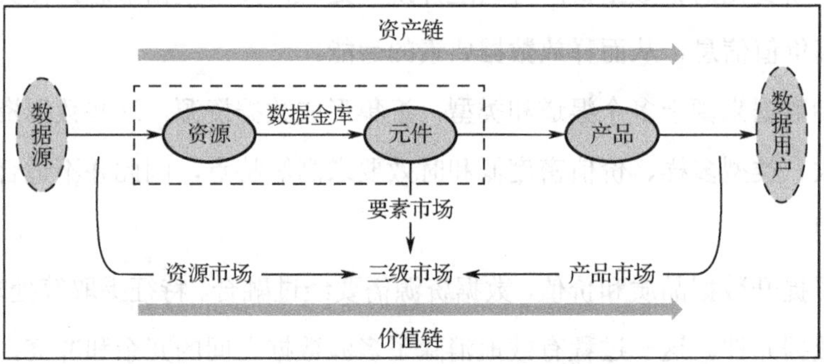

图 9-6 数据要素市场化示意图

1. 数据资源市场

在原始数据归集阶段，由政府主导，由数据归集主管机构建立面向各类数据源的归集系统，并形成市场收购、协议利用以及政策激励等多种方式相结合的机制体系，有效归集各类社会数据，催生更有生命力的数据资源市场。强大的数据资源市场为数据元件市场提供了基础支撑。

2. 数据元件市场

为形成可析权、可计量、可定价且风险可控的数据元件体系，需带动相关能力主体对数据资源进行有效的开发和利用，以便快速扩展数据元件品类和数量，并依托规范化的数据元件交易平台进行交易流转，进而催生数据元件市场。

3. 数据产品市场

数据应用开发主体在数据元件市场通过交易获取数据元件，并对数据元件进一步开发利用，面向政府、组织、企业、个人用户需求，打造成数据产品及服务，进而形成丰富的数据产品市场。

数据资源经过两次赋能充分释放数据价值。第一次赋能是指将分散度高、用途不确定、信息密度低的数据资源，通过建模加工成形态稳定、用途明确、信息密度高的数据元件，实现数据资源的规模化开发，初步释放数据价值。第二次赋能是指多种数据元件通过业务建模，推动业务流程再造，提升各类生产要素的能级和配置效率，为市场提供各类数据产品和服务，实现数据元件的规模化应用，全面释放数据价值，如图 9-7 所示。

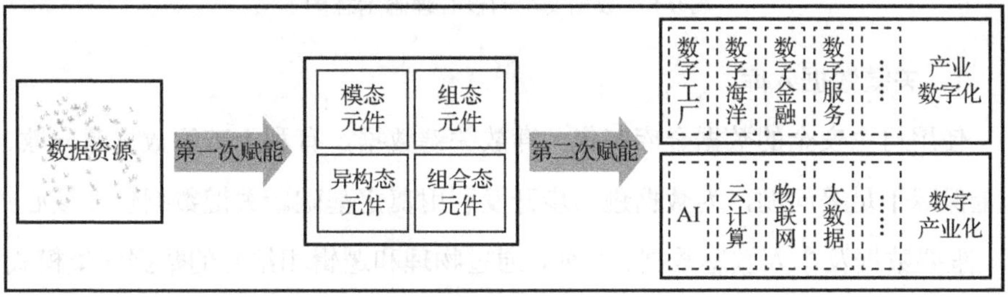

图 9-7 两次赋能示意图

9.4.3 数据交易安全

为推进数据要素化进程，我们构建了“数据金库”，以此作为数据要素运行的安全基石。此举旨在解决当前关键数据分散、安全保障不足等问题。数据金库将存储涉及国家及区域安全发展的核心数据、重要数据，以及涉及个人隐私的敏感数据，并对数据进行治理以形成数据元件。为确保数据要素运行的安全，数据金库同步建立了安全技术、法律制度、监管体系等三位一体的全面保障体系。

数据空间技术则以“关键数据入库、双向风险隔离、三级安全管控”为核心理念，构建了全栈式安全体系，确保数据归集、数据元件开发和数据应用的全生命周期安全，如图 9-8 所示。这一系列举措将为数据的收集、处理和应用提供坚实的安全保障。

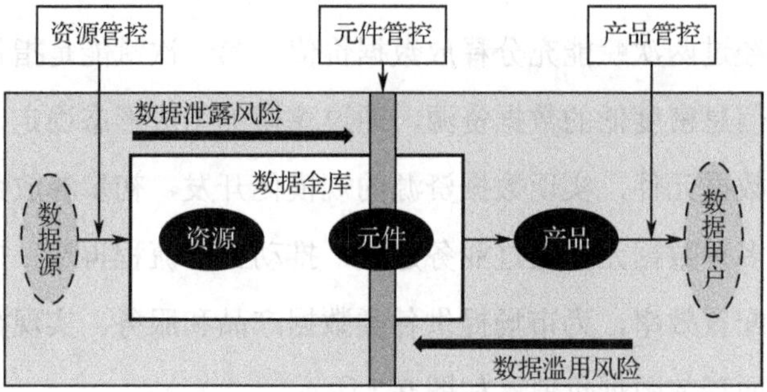

图 9-8　数据安全的核心理念示意图

1．关键数据入库

使用自主安全的数据金库归集、存放关键数据，有利于破解数据源分散、安全保障不足等问题，为数据进一步开发利用奠定基础。关键数据包括核心数据、重要数据及个人敏感数据。此外，通过物理和逻辑相结合的数据归集模式，缓解因数据源来自不同主体、不同领域而导致的归集难度较大的问题，避免关键数据在传输过程中引发的安全问题和数据泄露问题。通过制定数据流通规约和区块链技术辅以网闸来实现关键数据物理隔离，对逻辑归集的数据进行二次保护。

2．双向风险隔离

数据元件实现了数据资源与数据应用的“解耦”，形成数据有效保护层，从而隔离了数据从资源端到应用端的泄露风险以及从应用端到资源端的滥用风险，促进数据高效流通和安全配置，破解数据流通与安全对立的难题。数据元件使数据在应用过程中不直接流向应用端，隔离了数据泄露的风险；数据应用端在数据使用过程中不直接接触数据，隔离了数据被滥用的风险。

3．三级安全管控

三级安全管控机制旨在通过技术环境、管理制度和流程审计三个层面的综合措施，实现对数据源、数据元件和数据产品的严密安全管控。在技术环境层面，我们根据不同的业务场景和安全需求，精心选择并应用区块链、沙箱环境、安全多方计算和联邦学习等尖端安全技术，以强化对数据全生命周期的安全管理。在管理制度方面，我们围绕数据和数据治理的主体、设施、数据本身以及市场等多个维度，精心构建了一套全面而细致的管理制度体系，旨在从各个角度和层面确保数据的安全。同时，我们还在流程审计方面进行了周密的规划，通过建立数据“黑匣子”机制，结合技术和人工手段，对数据的全生命周期进行严格的审计，确保数据在来源、流向、开发、元件交易、产品开发等各个环节都符合规范。

综上所述，为了深入实施数字中国和网络强国战略，我们提出了“一元两网、三级市场”以及“关键数据入库、双向风险隔离、三级安全审核”的核心治理理念。通过这些措施，我们致力于构建一个既保障数据安全，又促进数字经济发展的有机统一的治理体系，以确保数据要素的安全流通和高效配置。

数据空间技术治理工程的核心理念包含以下关键特征。

（1）打造自主创新和国际领先的数据安全与数据要素化工程系统。

（2）构建数据元件作为连接数据供需两端的“中间态”。

（3）构建数据资产链和数据价值链的“双链融合”。

（4）培育数据要素化三级市场（数据资源市场、数据元件市场、数据产品市场）。

（5）建设“数据金库”为数据要素运行提供安全底座。

（6）推动核心数据及重要数据归集、存储到“数据金库”。

（7）实现数据泄露与数据滥用的双向风险隔离。

（8）实施数据源、数据元件和数据产品三级安全管控。

9.5 数据要素化模型

围绕数据安全与数据要素流通的难点和痛点，本数据空间技术提出数据要素化模型。首先是基于原始数据，通过特征选择、特征抽取、聚合分析、统计分析等方法开发数据元件，再将数据元件作为安全流通、公允定价的数据“中间态”，并以此作为流通要素，赋能于应用，并建立定价、确权以及经济性等相关分析机制，从而构建由数据元件模型、应用模型、定价与安全审核模型、“三阶”确权模型以及经济性分析模型构成的数据要素化模型。

9.5.1 数据元件模型

数据元件类似于电子元件，是基于原始数据脱敏加工，通过标准化数据清洗处理流程工序而形成的满足通用需求的标准数据元件，或满足不同应用需求的定制数据元件，其数学描述如下：

$$X = f(d_1, d_2, d_3, \cdots, d_n)$$

其中，d 是原始数据中的数据字段，f 是模型函数，X 是数据元件。一方面，模型函数 f 消除了原始数据中的隐私安全风险，使得数据元件作为安全流通对象在数据元件市场进行交易流转，实现数据从生产资源向生产要素的转变；另一方面，数据元件 X 中保留了原始数据中的“信息”，具备消除数据应用中“不确定性”的价值，成为数据元件定价的基础。基于上述两方面，数据元件作为可析权、可计量、可定价且风险可控的数据初级产品，为数据安全流通奠定了基础。

9.5.2 数据应用模型

在城市治理现代化、民生服务、科技创新等重点领域，存在多种多样的个性化需求。因此，需要结合实际应用场景，将数据元件与应用算法进行深度融合，形成与场景高度匹配的应用模型，其数学描述如下：

$$Y = F(x_1, x_2, x_3, \cdots)$$

其中，x 是数据元件，F 是模型函数，Y 是数据应用。数据应用模型以满足具体应用中各种场景需求为核心，通过消除数据应用中的不确定性，实现数据价值变现，形成强大的数据需求侧市场。

9.5.3 定价与安全审核模型

1. 数据元件信息价值评估模型

数据元件的信息价值与数据体量、数据质量、信息密度具有紧密关系，数据元件信息价值评估模型可表示为：

$$I(X)=V(N)\cdot Q(Z)\cdot D(X)$$

其中，$V(N)$ 表示元件体量系数，$Q(Z)$ 表示元件质量系数，$D(X)$ 表示元件的信息密度。

1）数据体量

$$V(N)=\frac{1}{1+\mathrm{e}^{-N/C}}$$

其中，N 表示元件生产使用的数据体量，C 表示与元件大小相关的常量。前期元件的体量增长对于信息价值的增长影响较大，到达一定体量后，信息价值的增长放缓，最终趋于稳定。

2）数据质量

$$Q(Z)=(Z^{\mathrm{T}}\beta)^2$$

其中，Z 表示数据质量评估指标矩阵，β 表示指标权重系数。元件质量较差时，提高元件质量对元件价值影响较小；当元件质量较好时，进一步提升数据元件质量对元件价值发挥着重要作用，即后期元件质量对元件价值的影响会放大。

3）信息密度

$$D(X)=h(E(X))$$

$$E(X)=-\sum_{i=1}^{n}p(y_i)\log_2(p(y_i))$$

其中，$D(X)$ 表示数据元件 $E(X)$ 的数据信息量，可根据香农信息论表达式计算，h 表示价值与信息量的函数。信息密度与信息量呈正相关关系，信息量越大，信息密度越高。

2. 数据元件定价模型

在数据元件流通过程中，以元件中的“信息”为价值基础，以成本法、收益法、市场法为依据形成数据元件定价体系，并且能够结合不同领域、行业、群体的特点和属性，根据信息消除数据应用中“不确定性”价值的多少，形成差异化、层次化的定价体系。同时，通过对数据字段数量及其组合关系进行安全审查，规避数据元件交易中的隐私与安全风险，从而为数据高效流转提供市场和安全保障。

数据元件交易常采用两种方式：议价交易和竞价交易。

1）议价交易的定价机制

元件协议价即元件基础价乘以收益率，元件基础价的影响因子包括元件成本、元件信息价值和领域调节系数，元件成本包括相关字段的治理运维成本以及模型开发成本。

$$P_y^1(X)=(1+\gamma)\cdot g(I_y(X),C_y(X))$$

其中，$P_y^1(X)$ 表示元件 X 的协议价，γ 是预期收益率，$C_y(X)$ 表示元件 X 的成本，$I_y(X)$ 表示元件 X 的信息价值，g 是成本价和价值反映价格的联合定价函数。

$$P_y'(X)=\sum_{i=1}^{n}C_{x[i]}+C_{\mathrm{xm}}$$

$$C_y(X)=k_yP_y'(X)$$

其中，$P_y'(x)$ 表示元件 X 的基础成本，k_y 是领域调节系数，$C_{x[i]}$ 是字段 $x[i]$ 的成本，C_{xm} 是模型成本。

2）竞价交易的定价机制

数据元件的市场指导价是指市场评估价乘以市场调节因子，市场评估价是由数据元件的市场价格影响因子经过估价模型计算产生的。

$$P_y^2(X)=\beta P_y''(X)$$

其中，$P_y^2(X)$ 是市场指导价，β 是市场调节因子，$P_y''(X)$ 是市场评估价。

$$P_y''(X)=f(S,T,N,W,C_0,P_y'(X))$$

其中，S 表示稀缺性，T 表示时效性，N 表示规模大小，W 表示完整性，C_0 表示历史参考价。

3）数据元件安全审核模型

数据元件的安全审核采用以下公式：

$$S(X)=f(O,M,R)=\begin{cases}1，审核通过\\0，审核不通过\end{cases}$$

其中，O 表示原始数据资源安全审核，M 表示数据元件模型安全审核，R 表示数据元件安全审核。

9.5.4 “三阶”确权模型

数据空间技术基于数据要素市场化的实践探索，创新提出数据要素“三阶”确权模型，以“数据析权”为目标，在数据资源、数据元件、数据产品三个阶段分别进行确权，降低确权复杂度，使得三类主体权属更加清晰。

1. 数据要素三阶段的法律主体（如图 9-9 所示）

明确数据资源、数据元件和数据产品三阶段的法律主体是厘清数据要素主体权利关系的先决条件。在数据资源阶段开展“一阶确权”，相关法律主体主要包括数据主体、持有主体以及数据运营服务中心。数据持有主体基于技术优势以及业务发展需求，面向数据主体归集原始数据，再将分散的原始数据归集到数据运营服务中心。在此阶段，重点明确原始数据和数据资源的权利归属以及相关法律主体所拥有的权利类型。在数据元件阶段开展“二阶确权”，相关法律主体主要为数据元件开发商。数据运营服务中心为数据元件开发商提供数据资源，推动数据元件开发商开发数据资源从而形成数据元件。在此阶段，重点确定数据元件的权利归属以及数据元件开发商拥有的权属类型。在数据产品阶段展开“三阶确权”，相关法律主体主要为数据应用开发商。数据元件开发商为数据应用开发商提供数据元件，数据应用开发商进一步开发数据元件形成数据产品和服务。在此阶段，重点确定数据产品和服务的权利归属以及数据应用开发商具有的权利类型。

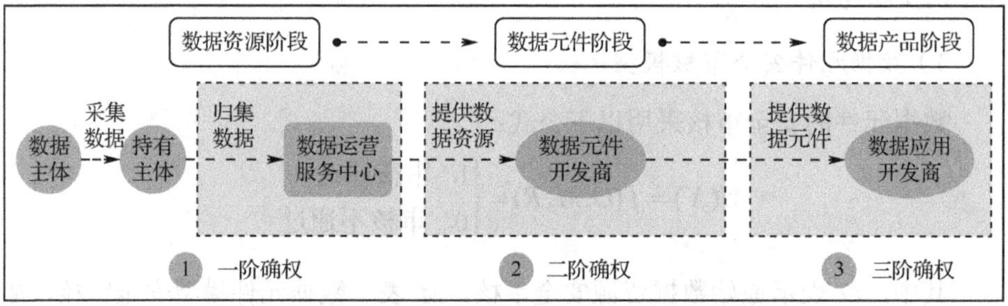

图 9-9　数据要素三阶段的法律主体示意图

2．数据要素“三阶”确权法的法律基础

明晰数据和个人信息、数据主体与持有主体的法律权属，是数据资源、数据元件、数据产品三个阶段分别进行确权的基本前提，也是本方案中创新提出数据要素“三阶”确权法的法律基础。在数据和个人信息的法律权属方面，本方案认为数据具有财产权属性，可通过“所有权+用益权”的二元权利结构进行析权；随着《中华人民共和国个人信息保护法》的出台，自然人对其个人信息享有人格权益已经十分明确，因此，本方案认为个人信息具有人格权益属性。在数据主体和持有主体的法律权属方面，数据主体对其所有的数据拥有所有权。数据持有主体对其归集、加工、处理的数据拥有用益权。其中，用益权属于一种新型的“用益物权”。

3．数据要素“三阶”确权表

数据空间技术中创新提出数据要素“三阶”确权表，明晰数据要素“三阶”确权法在数据要素市场化三个阶段中的确权规则以及相关法律主体享有的数据权益。在数据要素市场化过程中，从要素阶段和确权要件两个角度对数据要素确权进行研究分析。要素阶段包括数据资源、数据元件和数据产品三个阶段。确权要件包括要素主体、标的物特征以及要素主体的权利。其中，要素主体是指在数据要素市场化相应阶段的法律主体，标的物特征是指要素主体所有、控制的数据资源的形态特征，要素主体的权利是指法律主体对其所有、控制的数据资源享有的权益。“三阶”确权表见表 9-2。

表 9-2 “三阶”确权表

确权要件	要素阶段				
	数据资源			数据元件	数据产品
要素主体	数据主体	持有主体	数据运营服务中心	数据元件开发商、数据运营服务中心	数据应用开发商
标的物特征	数据	数据	数据	数据初级产品	数据产品
要素主体的权利	所有权	用益权	用益权	财产权	财产权

在数据资源阶段，要素主体主要包括数据主体、数据持有主体以及数据运营服务中心，其标的物特征均为数据，尚未经过开发利用。在此阶段，数据主体享有数据所有权，持有主体享有数据用益权，数据运营服务中心享有数据用益权。当持有主体采集数据主体数据以及数据运营服务中心归集持有主体控制的数据时，均发生用益权转移。

在数据元件阶段，要素主体主要包括数据元件开发商和数据运营服务中心，标的物是两者共同开发形成的数据元件，特征是数据初级产品。在此阶段，数据元件开发商和数据运营服务中心共同享有数据元件的财产权。当数据运营服务中心向数据元件开发商提供数据资源时，发生财产权转移。

在数据产品阶段，要素主体为数据应用开发商，标的物是数据应用开发商利用通过交易获得的数据元件而开发形成的数据产品，特征是数据产品。在此阶段，数据应用开发商享有数据产品的财产权。当数据元件开发商向数据应用开发商提供数据元件时，发生财产权转移。

9.5.5 经济性分析模型

在合理定义数据要素三级市场内涵、主客体以及交易规则的基础上，为进一步剖析数据要素三级市场的运作逻辑，数据空间技术通过创新构建经济模型，明确主要市场参与主体之间的业务流和资金流，构建市场主体的成本收益模式，厘清关键环节影响数据价值释放的主要因素，为加快推动数据要素市场化、培育数据要素市场繁荣生态奠定扎实基础。数据要素三级市场的经济性分析模型如图 9-10 所示。

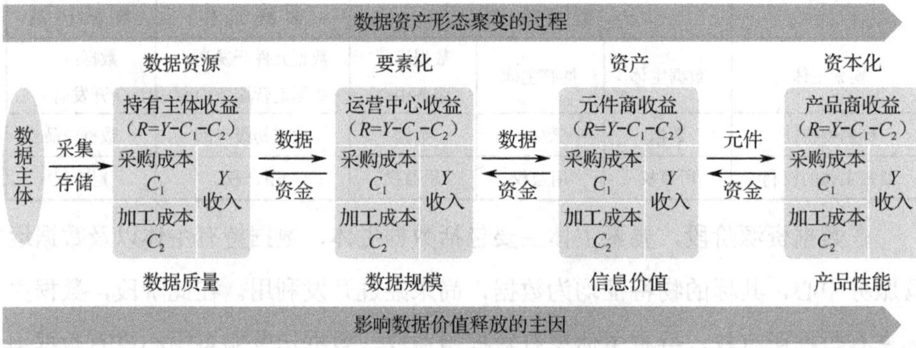

图 9-10　数据要素三级市场的经济性分析模型

1. 业务流

在数据要素三级市场中，业务流指的是市场主体间以数据形态转化为核心的业务活动流程。数据具有显著的主体依附性，通常源于政府、组织、企业、个人等主体的社会行为活动。基于技术优势、业务开展和企业发展需求，数据持有主体会对这些活动产生的数据进行采集和存储，形成原始数据源，并供应给数据运营服务中心。

数据运营服务中心在严格的授权审批制度基础上，对这些数据源进行清洗和加工，形成数据资源，再提供给数据元件开发商。数据元件开发商将数据资源进一步开发形成数据元件，然后提供给数据应用开发商。数据应用开发商会对这些数据元件进行进一步的开发利用，并向终端客户提供数据产品和服务。

在数据从生成到应用的整个业务流程中，数据经历了“数据源→数据资源→数据元件→数据产品和服务”的不同形态转变，并在每个环节中发挥其独特价值。

2. 资金流

资金流是指依托数据要素三级市场中合理交易与分配机制，在市场主体间随着不同形态的数据及其权属的转移而发生的资金往来流程。在数据要素三级市场中，终端客户是数据价值最终的“买单者”。终端客户获取数据产品及服务，按照市场定价机制付费给数据应用开发商。数据应用开发商将获得收益的一部分支付给数据元件开发商作为数据元件购入费用。数据元件开发商将交易数据元件而获得的报酬按一定比例与数据运营服务中心进行利润分成。数据运营服务中心在归集数据源时，需要向组织、企业支付相应的报酬以获取数据源的用益权。因此，在数据要素三级市场中，形成了“数据终端客户→数据应用开发商→数据元件开发商→数据运营服务中心→数据持有主体”稳定的资金流。

3. 成本收益分析

在数据要素三级市场中，成本收益主要聚焦在数据采集存储、加工处理以及流通交易等环节的市场参与主体，模式基本相同，具体构成各具特点。此类市场参与主体主要包括数据持有主体、数据运营服务中心、数据元件开发商以及数据应用开发商。各类市场主体的成本收益模式基本相同，可概括为收益 R 等于收入 Y 减去采购成本 C_1 和加工成本 C_2：

$$R=Y-C_1-C_2$$

R 是市场参与主体的实际收益，Y 是数据业务的总收入，C_1 为采购成本，C_2 为加工成本，适用于数据要素三级市场中的所有参与主体。

其中，数据持有主体的收入 Y 主要源于数据运营服务中心支付的数据源报酬，采购成本主要为数据采集成本 C_1，加工成本主要为数据存储、处理成本 C_2。数据运营服务中心的收入 Y 主要为数据元件开发商的数据元件收益分成，成本主要为向数据持有主体支付的数据采购成本 C_1 以及对数据源清洗加工的成本 C_2。数据元件开发商的收入 Y 主要源于数据应用开发商支付的数据元件购买费用，成本包括通过分成方式支付给数据运营服务中心的数据资源采购成本 C_1 以及对数据元件的开发成本 C_2。数据应用开发商的收入 Y 主要源于各类终端客户支付的数据产品和服务的费用，成本主要包括数据元件的采购成本 C_1，以及数据产品和服务的开发成本 C_2，具体如表 9-3 所示。

表 9-3 数据要素市场主要参与主体的成本收益细则

名　称	科　目		
	采购成本（C_1）	加工成本（C_2）	收入（Y）
数据持有主体	数据采集	数据存储、处理，主要包括存储设备、人力、算力等成本	提供数据源获取相应收入
数据运营服务中心	归集数据源	数据源存储、清洗、加工，主要包括存储设备、人力、算力等成本	数据元件收益分成
数据元件开发商	获取数据资源使用权	数据元件开发成本，主要包括人力、算力等成本	提供数据元件获取相应收入
数据应用开发商	购买数据元件	数据产品和服务开发成本，主要包括人力、算力等成本	提供数据产品和服务获取相应收入

培育数据要素市场的根本目的在于全面释放数据价值，激发数据作为生产要素对经济社会的放大、叠加、倍增作用。在数据要素三级市场中，不同环节影响数据价值释放的主导因素不同。

高质量的数据采集是实现数据价值释放的前提。数据质量的好坏是评价数据价值的基础，而数据采集过程中难以避免出现错误、缺失、冗余等情况，从而影响数据质量。因此，在数据采集环节需重点关注采集过程中数据的准确性、完整性和重复性问题，确保数据质量，为后续数据价值开发奠定基础。

增加归集数据规模将促进数据价值的最大化利用。单一来源、单一维度的数据应用场景有限，难以实现数据价值的最大化利用。倘若在数据归集阶段能够充分消除数据孤岛，有效打通数据壁垒，实现多源数据汇聚融合，则能够使数据要素发挥更大的作用。

数据元件所包含的信息价值高低是影响数据开发利用的关键。数据元件的信息价值与数据质量、数据规模、信息密度密切相关。经过前面两个阶段，在数据质量和数据规模得到有效保障的前提下，数据元件开发商通过设计开发高信息密度的数据元件，可以有效促进数据流通，提升数据的应用价值。与此同时，信息价值的高低与使用方的需求直接相关，因此元件开发商需根据元件需求方的使用需求开发具有较高场景适配性的数据元件，使数据价值得到充分利用。

数据产品的性能决定了数据价值的最终释放。当基于数据元件开发出来的数据产品具备了解决实际问题的功能时，数据价值才能最终得到释放，并赋能于各类经济活动。数据产品的开发还需要充分考虑不同用户的使用需求，及时优化迭代，提升产品性能，从而深度释放数据价值红利。

9.6 建设安全可信金融数据空间

安全可信金融数据空间与各地大数据局建设的金融专区以及全国数十家数据交易所、数据交易中心会形成互补关系，是基于共同商定原则的去中心化的数据生态系统基础设施，提供数据交易、数据商服务、运营管理、信息存证、安全保障等服务，实现金融行业企业安全可信的数据流通。

9.6.1 安全可信金融数据空间的定义

所谓安全可信金融数据空间，是以数据元件和数据金库为基础，以可信计算和合规措施为支撑，融合原有数据基础设施和数据资源，通过数据空间操作系统和安全治理机制打造金融行业数据空间，实现跨机构、跨地域、跨行业的数据安全合规、共享流通、业务创新，充分释放数据要素倍增效应。

9.6.2 安全可信金融数据空间的五层架构

传统的计算机网络分为五层架构，分别是应用层、传输层、网络层、数据链路层、物理层。

安全可信金融数据空间同样是以五层架构和数据空间操作系统为核心，共同构建统一的数据空间技术体系。其中，五层架构包括数据资源层、数据组织层、本体孪生层、决策推演层以及业务应用层，包含了数据归集、存储、加工、融合计算、共享、使用、管理等各数据要素相关完整流程；数据空间操作系统负责对空间资源、任务、调度、交互、权限等进行统一管理，是统筹管理和协作中心。安全可信金融数据空间架构如图 9-11 所示。

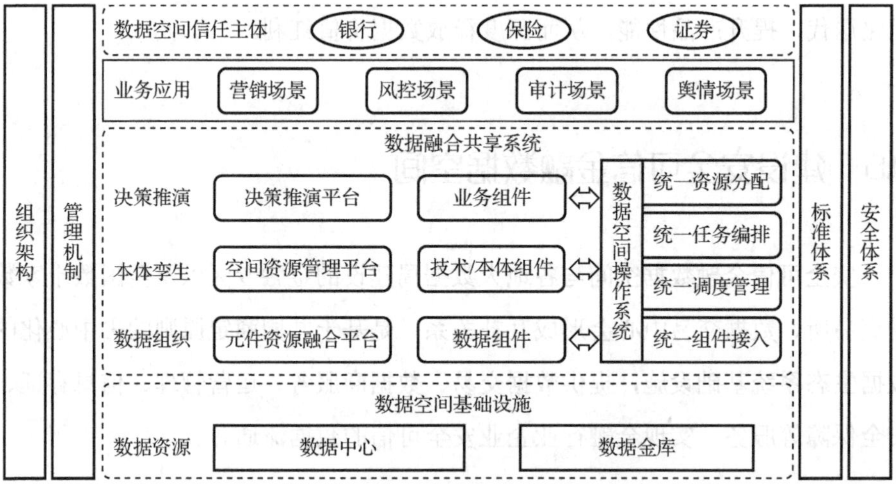

图 9-11 安全可信金融数据空间架构图

1. 数据资源层

数据资源层整合来自政府、组织、企业、个人等多个主体的数据，实现将原有数据基础设施数据（如数据中心、各行业不同业务域、互联网等）与数据金库的数据以数据资源、模型结果集、数据元件等方式归集存储，实现融合计算与共享。

2. 数据组织层

包含元件资源融合平台和数据组件。

元件资源融合平台：支撑数据资源与数据元件安全合规的融合共享。从数据产品的定义到发布，保障生产到共享过程的安全合规，以数据元件的方式对外提供共享，并对空间运营以及共享情况进行统计。

数据组件：由来自数据空间基础设施的基础数据元件、数据半成品、低密级数据经融合计算构成，通过数据的组织实现共享利用。它包含两大类数据来源，一类是数据金库生产出来的元件，另一类是原有数据基础设施的数据资源经过加工后形成的数据半成品，如数据元件、数据模型等。

3. 本体孪生层

包含空间资源管理平台和技术与本体组件层。

空间资源管理平台：包含空间数据资源的需求对接、资源目录、参与主体以及使用存证等功能，为技术组件、本体组件的开发使用提供统一的管理功能。

技术与本体组件层：构建一系列技术组件以及本体组件，提供非结构化解析、指标管理、标签管理、知识图谱、分类分级、本体建模等功能，通过本体孪生技术消除信息不对称。

4. 决策推演层

决策推演层包括决策推演平台和业务组件层。

决策推演平台：为以业务目标为导向的数据挖掘和仿真推演提供搜索研判、时空分析以及本体可视化等相关功能支撑，满足面向不同行业需求的决策推演需求，支撑不同行业的数据产品开发与应用分析。

业务组件层：利用数据空间的数据资源，在技术组件以及本体组件的基础上，构建包含搜索、全息档案、规则组件、研判模型、智能报告、业务图谱、智能规则等业务组件，支撑决策推演。

5. 业务应用层

数据融合共享的目的是支撑银行、证券、保险等各金融机构的数据应用，数据空间内各参与主体通过业务应用层提供的营销、风控、审计、舆情等多领域应用将空间内的数据产品应用到各自领域的业务经营和管理活动中。

9.6.3 完善合规、安全与基础服务功能

首先，为了构建一个合规的治理制度环境，我们需要完善包括主体管理、设施管理、数据管理和监督考核等各项制度。同时，我们还需要建立确权登记、数据流通、定价与分配、纠纷调解及仲裁等机制，并制定《金融可信数据空间建设标准》和《金融可信数据空间数据安全合规标准》等相关标准。

其次，在空间要素方面，我们将采取多种技术手段，确保空间的可信、安全、融合和共享。通过实施身份认证、存证、追溯和监管，以及制定规则与协议，我们将确保空间的可信度。同时，借助数据元件、数据金库、数据安全与合规审核等措施，我们将保障空间的安全性。此外，通过目录与分类分级、资源元件融合计算等方式，我们将实现空间数据的融合。最后，通过供需对接、流通计量和考核等手段，我们将促进空间数据的共享。

在技术原理上，我们将遵循“数据不动计算动、数据可用不可见、数据可控可计量”的技术实现逻辑，以实现高效率、多主体在线供需对接、多对多数据安全融合共享。通过利用数据元件的融合计算，我们将解决空间内原始数据不出域的问题，实现多主体跨域安全可信融合共享。此外，我们将基于数据金库实现数据资源与元件结果的安全存储。借助区块链技术，我们将构建数据空间可信联盟链，确保身份、目录、行为和合约上链，全程留痕，实现数据的可信性和可追溯性。

9.6.4 丰富数据要素场景，深度赋能金融产业

经过精心策划与组织，我们致力于构建以金融行业为主导的多元化行业数据平台，旨在丰富金融数据的应用场景，推动产业的深度赋能。特别是针对国家关心的实体经济、创新型企业、乡村振兴等关键领域及客户群体，我们运用制度、机制、技术三方面的创新支持，激活企业数据信托、个人数据信托等模式，实现数据权属的分离，即持有权、加工权和经营权的独立行使。这标志着我们成功实践了以“可计量”为基础的数据资产化策略，打破了传统服务模式的限制，促进了数据价值的再利用和金融机构服务的升级，为实体经济注入了新的活力。

通过金融行业数据空间的建立，我们还能有效促进跨行业、跨领域、跨层级的数据流通与共享，进而挖掘更为深远的数据价值。金融行业数据空间的建设不仅为其他行业提供了可借鉴的模式，而且预示着各行业数据空间的未来融合与互通。此外，这也为行业数据空间与通用型、区域性数据交易市场的衔接奠定了坚实的基础。

9.6.5 完善数据空间研究，促进产业创新发展

金融行业数据空间致力于构建数据生态系统中各方之间可靠且高效的数据关系。创新性地提出了基于“数据金库”与“数据元件”的新五层架构，这一架构涵盖数据组织层、本体孪生层以及决策推演层的研究、探索和应用，不仅将极大推动数据要素化、市场化运作的进程，还将激活数据流通的新模式和技术创新。

为确保金融数据空间的安全可信，我们以“数据元件”和“数据金库”为核心支撑，建立起一套权责明晰、分级管理的统化的决策、监管、运营系金融数据空间管理体系。同时，结合新五层架构体系，特别是数据组织层、本体孪生层、决策推演层的核心作用，我们推动了公共数据和社会数据的安全合规融

合计算。这不仅对深入研究、实际落地金融数据空间以及促进产业创新具有重大意义，而且通过将数字元素融入金融服务的全流程，我们充分发挥了数据要素的倍增效应，实现了数据资源的有效整合与深度利用。这不仅有助于普惠金融与乡村振兴的实现，更全面提升了我国金融业的综合实力和核心竞争力。

9.7 数据资产交易的问题和不足

当前，数据资产交易面临市场不完善、机制不成熟、标准不统一、数据质量和安全等诸多问题，虽各地政府大力支持和推进，但数据来源参差不齐，存在数据确权、数据资产估值难等诸多复杂的问题和挑战。只有在加强数据安全与隐私保护、提高数据质量与可信度、明确产权界限、制定合理的定价标准以及提升平台服务水平等多方面共同努力下，才能推动数据资产交易的健康、有序发展。数据资产交易主要存在以下几个方面的问题。

1. 数据进场交易的意愿不足

研究发现，数据资产目前多以场外直接交易为主，通过平台交易尚未形成规模，数据进场交易的意愿不足。参与数据交易的企业认为，很多数据交易完全可以在个人之间、企业之间一对一进行，程序上更简便，不需要通过第三方平台。

2. 权属不清，交易成本上升

合规交易的基础是清晰的产权归属，但数据所有权拥有者是产生数据的个人还是记录数据的企业，业界、学界和司法界莫衷一是，而以所有权为基础的使用权、处置权等更难以界定。尚未形成明确的数据权属规定，权属界定不清，致使交易成本上升。

3. 未能形成统一的定价标准

国内还没有任何机构和组织制定跨区域、跨行业的大数据交易标准，各大数据交易平台的交易规则存在差异。由于数据属于新型生产要素，对于数据品类、完整性、精确性、时效性、稀缺性等价格影响因子的研究尚不成熟，且可参照的历史公开交易规模较小，产品估值较难，未能形成统一的定价标准。

4. 核心技术创新不足、支撑不够

研究发现，在数据安全保障、权属界定、价值挖掘、创新应用等核心领域，应用AI、区块链、隐私计算等技术的创新依然不足，核心技术支撑不够，无法满足多样化的现实需求。

5. 缺乏有效治理，阻碍数据流通

研究发现，目前政府和互联网平台汇聚了大量高价值数据，但伴随“大量”而来的是“混乱”“无序”，尤其是政府数据普遍缺乏有效治理，不能提供持续、多源、标准化的数据资源，阻碍了数据流通。政府对数据分类不明确，对数据交易过程监管力度不到位，数据脱敏、清洗、交易等关键环节缺少高效畅通的内部监督渠道，数据交易后纠错机制也不完善，缺乏高效的应对处理机制。

6. 部分交易机构活跃度并不高

研究发现，设立的数据交易平台较多，但设有官方网站、公开运营的不多，活跃度不高。数据交易平台的市场定位不明，深刻影响着数据交易平台的发展。

7. 数据拥有主体众多，数据资源整合难

研究发现，由于各领域数据门类繁杂，来源广泛，数据拥有主体众多，部分数据拥有者缺乏流通变现意识，参与者数据分享意愿不强，导致数据资源难以有效整合，制约数据交易发展。而且，数据资源整合过程中还面临操作难、协商难等问题，无法充分整合汇聚，数据交易缺少必要的基础材料。

8. 数据要素交易市场同质化明显

因数据要素流通依托互联网，不受地域限制，且数据可复制，大量交易以场外点对点方式进行，数据要素交易市场同质化明显，难以建立有效的竞争壁垒。需要打造具有地方数据特色的数据要素交易市场，共建综合性数据服务平台，探索数据交易创新场景，为数据交易中心提供综合服务。

9. 监管政策缺少对交易机构的约束

全国多地建立了数据交易所、数据交易中心，但总交易量没有达到预期结果，根本原因是有关数据的基本法律问题没有完全厘清。国内尚无国家顶层大数据交易立法，对数据交易机构的法律定位、经营范围、职责权限等没有统一认定，机构审批流程缺少权威规定，无法对数据交易行业发挥普遍法律约束力。不同数据交易平台制定的交易规则出发点不同，甚至对自身权责的理解和定义不同，难以对数据交易各环节各主体进行有效约束。

10. 跨学科数据人才缺乏，阻碍市场发展

大数据专业人才匮乏也是阻碍数据交易市场发展的重要因素之一。要最大限度发挥数据的经济价值，需要更多专业的跨学科数据人才，精通数据挖掘、分析等，但这些技术具有专业性、针对性。当前，应用数学、统计学、计算机等专业数据人才需求量增大，相关多学科复合型人才成为数据人才市场热门。未来，需要建设更多产学研三位一体的数据专业人才培养基地，更好满足数据专业人才市场需求。

9.8 数据资产交易的对策和建议

9.8.1 完善数据交易市场准入机制，防范数据割据局面

加强数据交易场所的准入监管机制。鉴于国内对数据要素市场化配置方案

的实施，各地积极构建或准备构建数据交易场所。然而，在数据的所有权确定、价格制定和监管等方面仍存在诸多挑战。为此，需从国家层面出发，综合考量数据要素市场的发展及数据交易场所的建设，对数据交易场所及平台的准入进行强化监管，以遏制无序增长和新的数据割据态势，确保数据交易市场的健康、有序发展。

9.8.2 完善数据要素市场价格机制，探索多种分配机制

地方数据立法应着重于促进数据要素的顺畅流通，简化并加速数据交易过程，同时构建符合实际需求的数据交易场景框架，并确立合理的数据交易定价机制及证券化路径。专家指出，在制定地方数据法规时，应避免简单地复制或模仿其他地区的规定，摒弃过于庞大和全面的体系化立法模式，应紧密结合本地面临的数据要素发展中的实际问题和迫切需求，采取更为精准和专题式的立法方式，以多元化的视角为国家层面的统一数据立法提供有益的参考与经验积累。

9.8.3 建立数据资产估值评价制度，推动数据定价模式多元化

《中华人民共和国网络安全法》《中华人民共和国数据安全法》与《中华人民共和国个人信息保护法》为数据交易划定了一系列基础边界。然而，当前数据权属的不明确性，以及定价模式的不成熟性，仍是制约数据自由流通与开发利用的主要障碍。鉴于此，专家提出在民法层面明确数据的法律属性，并通过部门规章等手段构建数据资产评估体系。同时，建议对数据服务提供者设定准入标准与备案登记机制，这需要政府与平台共同努力，加强对交易主体及活动的合规性审查。在定价方面，应灵活采用平台预定价、协议定价、拍卖定价、实时定价、固定定价等多种方式，以促进多元化数据定价模式的形成。

9.8.4 推进数据交易市场标准建设，降低流通交易成本

我们倡导数据交易场所、交易机构、数据供应商、第三方服务机构以及行业协会等多方市场参与者，在数据交易模式、数据交易流通标准、相关服务机制和技术应用等方面进行深入的合作与交流。在此过程中，我们应注重审慎创新和先行先试，努力探索并形成具有可复制性和可推广性的经验和做法。我们应重点关注数据资源管理规范、数据要素标准体系规范以及数据交易技术安全规范等通用标准的研究工作，以推动市场标准化进程，降低数据交易流通的壁垒和成本，为市场的健康发展提供坚实的支撑。

9.8.5 完善数据交易市场层级结构，培育数据生态体系

在数据交易所的基础上，我们将深入探索并培育以公共数据、个人数据、产业数据、跨境数据等关键主题数据空间为主导的专业化数据市场。借鉴证券市场主板、中小板、科创板、新三板等多层次市场结构的成功经验，我们将优化数据交易市场的层次结构，并致力于建立与不同层级数据交易相匹配的入场标准、监管要求和交易规则等一整套运行管理机制。此举旨在促进数据供需市场的多元化发展，丰富交易场景，并构建一个由数据交易机构、数据供应商和第三方服务机构共同参与的数据交易市场生态体系。我们将全面规划交易所、交易中心和交易平台等多层级数据交易场所与机构的协同发展，以实现不同机构间的无缝对接和高效协作。

9.8.6 打造数据交易错位协同发展，积极创新服务模式

在重点领域开展试点，充分激活国内数据交易流通市场。选取深圳、北京、上海等有条件的区域及应用场景开展数据跨境流通交易，试验探索个人数据合规托管、产业数据托管、公共数据授权运营、数据资产化运营等，开展数据要素统计核算、数据资产登记、数据资产入表、数据资产质押融资等研究试点工

作，鼓励开展跨区域交流合作。

1. 发挥政策和社会资本引导作用，制定多项优惠政策

探索发挥财税政策和社会资本引导作用，研究制定相关税收优惠或创新扶持政策标准，培育扶持数据要素市场参与主体。可借鉴技术要素市场鼓励企业科技创新发展的优惠政策，针对数据要素市场的优秀创新平台、创业投资、创新人才、新兴重点产业等主要环节和关键领域，逐步推行优惠政策落地。

2. 完善数据要素市场价格机制，探索多种分配机制

为进一步完善数据要素市场价格机制，需从公共数据与非公共数据两方面着手。针对非公共数据，建议引入第三方评估机构，形成第三方估价机制，综合考虑数据成本、质量、应用价值及服务水平等要素，构建科学的估价模型，为买卖双方提供议价参考。在市场初期，可采用“数据提供方报价、第三方估价、买卖双方议价”的定价方式。随着市场的成熟，结合数据商或第三方专业机构的评估，逐步确立市场的公允定价模式。对于公共数据，建议在价格部门与相关行业主管部门的指导下，参照行政事业性事务或公共资源有偿使用的收费机制，以数据成本核算为基础，由市场主体向行政机关或公共企事业单位进行合理补偿。同时，为鼓励企业、高校、研究机构等多元市场主体积极参与公共数据、产业数据的开发利用与融合应用，可探索数据产品收益的成本分摊、利润分成、股权参股等多元分配机制。

3. 数据交易所要错位协同发展，积极创新服务模式

数据交易服务平台的核心功能应包括五个方面：供求信息的有效管理、交易数据的精确计费、数据安全性的全面保障、交易过程的严格审计，以及交易日志的详细记录。我们建议各类数据交易场所和机构在职能分配和主营业务上寻求差异化发展，从而协同促进市场的多元化服务供给。数据提供商和第三方服务机构应紧密围绕数据交易市场的实际需求，积极创新服务模式，探索诸如数据保荐、数据经纪、数据托管等新型服务机制。同时，推动数据合规、数据

质量、数据资产、数据公证等专业配套服务的发展，以提升数据交易的信誉度和流通效率。

4．打造数据要素流通交易平台，建设共享公共服务

为推进数据交易市场的健康发展，应构建高效集约的“根服务、公共服务、算力服务”三大核心基础设施。此举旨在解决数据交易中的共性需求，降低流通成本、破解技术障碍，推动各类数据交易平台的互联互通。具体而言，需建立健全数据要素的“根服务”体系，提供跨域数据标识编码融合、跨区块链及隐私计算平台间的互联互通服务。这不仅能满足跨交易机构、跨区域数据资源的互联互通需求，还可为相关部门在业务流、数据流、资金流等方面的监管工作提供有力支撑。

同时，应构建数据要素流通交易的公共服务平台，为各级交易场所和机构提供统一登记备案、授权存证、供需撮合、质量评估、社会信用、合规公证、数据账户等一站式公共服务。在此基础上，可考虑引入第三方服务机构，依托该平台提供数据审计、数据资产评估、争议仲裁等衍生专业服务，以丰富服务内容，提升服务质量。

此外，建议依托“东数西算”工程，前瞻性地布局建设集约、绿色、安全的数据要素算力支撑平台，构建跨云、跨域的数据要素算力调度体系，以满足不断增长的数据处理和交易需求。这些举措将有助于推动数据交易市场的规范化、高效化、安全化发展，为数字经济的繁荣提供坚实基础。